本书得到国家自然科学基金项目(51979106)、
河南省高等学校重点科研项目（18A120006）的资助

经济管理学术文库·管理类

基于灰数信息的决策评价模型及其应用

Decision Evaluation Model Based on
Grey Number Information and Its Application

王 霞/著

图书在版编目（CIP）数据

基于灰数信息的决策评价模型及其应用／王霞著．—北京：经济管理出版社，2019.12
ISBN 978-7-5096-6981-5

Ⅰ.①基…　Ⅱ.①王…　Ⅲ.①灰色决策—决策模型—研究　Ⅳ.①N94

中国版本图书馆 CIP 数据核字（2019）第 287864 号

组稿编辑：杨　雪
责任编辑：杨　雪　邢丽霞
责任印制：黄章平
责任校对：董杉珊

出版发行：经济管理出版社
（北京市海淀区北蜂窝 8 号中雅大厦 A 座 11 层　100038）
网　　址：www. E-mp. com. cn
电　　话：（010）51915602
印　　刷：三河市延风印装有限公司
经　　销：新华书店
开　　本：720mm×1000mm /16
印　　张：10.75
字　　数：209 千字
版　　次：2020 年 8 月第 1 版　　2020 年 8 月第 1 次印刷
书　　号：ISBN 978-7-5096-6981-5
定　　价：55.00 元

前　言

在系统研究中，由于社会、经济、环境等动态现象千变万化，错综复杂，内外扰动的存在和认识水平的局限，人们获取的决策信息往往带有不确定性。随着科学技术的发展和人类社会的进步，许多科学领域长期难以解决的复杂问题随着横断、交叉学科的出现迎刃而解，人们对自然界的认识和客观事物演化规律的认识也由于横断、交叉学科的出现而逐步深化。灰色系统以“部分信息已知、部分信息未知”的“小样本”“贫信息”不确定性系统为研究对象，近年来含灰数信息的决策方法和模型取得了大量的研究成果，并已经广泛地应用在社会、经济和军事等领域，但仍存在一定向纵深拓展的研究空间。本书主要研究评价效果值为区间灰数和三参数区间灰数形式体现的多属性决策问题，以灰色关联分析和灰靶决策为研究视角，结合投影和凸凹的思想，从权重的辨析度、风险性决策、信息融合方面进行了研究，为灰色决策技术提供新思路、新方法，拓展了灰色决策技术的应用范围，丰富和完善了灰色决策体系。

本书的研究内容主要如下：

(1) 基于灰色关联分析的多属性决策问题研究。

首先，针对邓氏灰色关联度是点关联系数的算数平均，该关联度虽然可以体现关联性的整体态势，但却不能反映分辨结果之间的相互影响与抵消，无法体现序列之间的波动性，利用方差的概念，提出一种新的邓氏关联度，改进的邓氏关联度能更好地反映数据的波动性，提高评价结果的准确性。

其次，针对决策信息为三参数区间灰数的情况，提出了三类灰色多指标决策方法。

第一，定义了理想最优方案效果评价向量和临界方案效果评价向量，选取最优方案效果评价向量作为各方案效果评价向量的参考向量，确定了子因素与理想母因素的灰色区间相对关联系数，构造了三参数区间灰数信息下的理想相对关联决策方法；选取临界方案效果评价向量作为各方案效果评价向量的参考向量，确定了子因素与临界母因素的灰色区间相对关联系数构造了三参数区间灰数信息下的临界相对关联决策方法；结合三参数区间灰数的相对关联决策方法和投影法特点，定义增广型加权相对关联规范化决策矩阵，构造了三参数区间灰数信息下的理想相对关联投影决策方法、临界相对关联投影决策方法、线性综合关联投影决策方法、乘积综合关联投影决策方法。

第二，定义了凸凹关联理想最优方案效果评价向量和凸凹关联临界方案效果评价向量，选取凸凹关联最优方案效果评价向量作为各方案效果评价向量的参考向量，定义了子因素与凸凹关联理想母因素的灰色最优凸凹关联第一参数因素、第二参数因素、第三参数因素，构造了最优灰色凸凹关联决策方法、加权最优凸凹关联决策方法；同理，选取凸凹关联临界方案效果评价向量作为各方案效果评价向量的参考向量，构造了临界凸凹关联决策方法、加权临界凸凹关联决策方法；最后综合最优灰色凸凹关联度和临界凸凹关联度，得到变权线性综合凸凹关联决策方法和变权乘积综合凸凹关联决策方法。

第三，考虑决策者的风险态度对多指标决策的影响，在已有研究的基础上，针对不同问题，提出了如下两种灰色多属性决策方法。①首先考虑三参数区间灰数的特点，结合灰色关联的思想，定义了灰色区间相对关联度系数，继而形成灰色关联系数矩阵，再利用熵理论求解目标权重，提出一种基于灰关联熵的多指标灰靶决策方法；其次基于熵的原理确定了各属性的客观权重，结合专家意见求得了属性的综合权重，然后根据方案的加权相离度对方案进行排序；②定义了子因素 $x_{ij}(\otimes)$ 与临界效果评向量 $x^{-}(\otimes)$ 的灰色相对关联系数，以靶心和靶界点为参考点，构建了基于灰数相对关联系数的前景价值函数，得到了正负灰色前景关联矩阵；建立了方案综合前景值最大化的多属性优化模型求解最优权向量，提出了一种基于灰色前景关联的多属性决策方法。

（2）基于灰靶决策的多属性决策问题研究。

首先，针对决策信息为三参数区间灰数的情况，从不同的侧面提出了三种多属性灰靶决策方法：第一，指标权重向量已知的灰靶决策方法，首先定义了多目标灰靶决策的最优效果向量，通过统计方法确定指标的权重，确定了方案的加权灰靶心距，以靶心距的大小对方案进行排序；其次，定义了方案的负靶心和负靶心距，由此定了方案的加权偏离靶心度，依据偏离靶心度的大小对方案进行排序。第二，指标权重向量未已知的灰靶决策方法，首先根据靶心距最优原理，即所有方案的靶心距最小为最优，构造多目标灰靶决策最优化模型，求解权重向量，然后计算加权靶心距，并对方案进行排序；其次依据方案与其他方案的总平方距的最小，构建多目标优化模型，求解权重向量，然后计算加权靶心距，并对方案进行排序。第三，基于靶心距的多属性决策模型将主观赋权法和客观赋权法进行集成，建立确定指标权重的集成优化模型，求解目标权重，避免了指标权重的不确定性对基础结果的影响；考虑正负靶心距的实践意义，提出了相对靶心距和综合靶心距的定义，在目标权重已知的情况下，给出相对靶心距和综合靶心距的灰靶决策方法。

其次，从属性集差异性以及决策者面对风险时的心理态度两个方面，提出了如下的灰靶决策方法：第一，对于评价属性集不同且评价决策值为区间灰数的多属性决策问题，把软集理论引入灰色系统理论中，结合灰靶决策的特点，构建了一种属性集有差异的多属性灰靶决策模型；第二，考虑决策过程中系统的不确定性，将D-S证据理论与灰靶决策方法相结合，通过D-S合成法则进行信息融合，提出了一种基于D-S证据理论的多属性灰靶决策方法；第三，考虑熵权法下客观权重分散度不高的问题，给出了三参数区间灰数下的调节系数，利用D-S合成法则将主观赋权法和客观赋权法进行集成，提出了基于调节系数的多属性灰靶决策方法；第四，针对属性值为区间灰数的风险型动态多属性决策问题，利用熵和时间度建立了确定时间权重的优化模型；构建了以两两方案互为参考点的求解属性权重的多目标优化模型。

（3）基于改进邓氏关联度的郑州市雾霾因素分析和生态安全评价研究。

第一，郑州市雾霾影响因素分析。首先根据2012年环境保护部批准发布的《环境空气质量标准》（GB 3095—2012）规定空气质量评价标准，对雾霾的现状进行分析，在此基础上选取雾霾影响因素的评价指标，基于层次分析法确定指标的权重，然后以改进的邓氏关联度方法为基本工具，研究了郑州市雾霾天气的评估问题，依据评估结果从数据、空气质量状况、雾霾的主要来源分析了评价结果的合理性，为雾霾天气的治理提供理论依据。

第二，郑州市生态安全评价研究。通过查阅《郑州市统计年鉴》（2011~2015）、《郑州市环境质量报告书（2011-2015）》、《郑州科技简讯》和国家基金项目“城市化过程对土地质量影响的研究”等相关资料，初步建立了城市生态安全指标评价体系，选取了三个一级指标资源状况、环境状况和社会经济状况和十二个二级指标。基于层次分析法确定指标的权重，然后以改进的邓氏关联度方法为基本工具，研究了郑州市生态安全评价研究，依据评估结果对郑州市生态安全提出相应的建议。

目　录

1 绪 论

1.1 选题背景与研究意义

社会、经济、环境等动态现象千变万化，错综复杂。近百年来，人们已从过去着眼于自然科学、社会科学之间的区别，逐步转向研究它们之间的联系。当人类把自然科学的研究成果用于社会、政治、经济、环境、军事等问题时，发现了许多惊人的结果。随着科学技术的进步、网络信息技术的飞速发展、经济全球化的不断加快和认识能力的提高，人们对客观世界的认识正在经历一个向多样性、复杂性和不确定性发展的根本变化，从而导致了自然科学和社会科学之间的横断、交叉学科的出现，突破了两大科学系统的界限，而系统科学能揭示复杂事物之间更为深刻、更为本质的内在联系，得到众多学者的关注。

据《世界新学科总览》介绍，出现的学科已达 470 多个，其中，很多新兴学科是自然科学与社会科学的交叉学科或横断学科。这些学科更深刻、更具本质地揭示了事物之间的本质内在联系，极大地促进了科技的进程。诸多科学领域长期以来难以解决的复杂问题伴随着这些新兴交叉学科的出现而得到解决，从而使人类对自然界和客观事物演变规律的认识也伴随着这些新兴交叉学科的出现而逐步深化。例如，20 世纪前期的系统论、控制论、信息论以及后期的超循环理论、泛系理论等都是随着社会的发展而产生的能解决复杂问题的具有横向性和交叉性的系统科学新学科。然而在系统研究中，人类得到的信息常常具有不确定性，因此不确定性理论逐渐成为系统科学领域的研究热点和重要前沿。众多学者曾提出了一系列方法来解决不确定性系统问题，比如：20 世纪 60 年代扎德创立的模糊数学、20 世纪 80 年代帕夫拉克创立的粗糙集理论、20 世纪 90 年代王光远创立的未确知数学和赵克勤创立的集对分析，灰色系统理论正是在这背景下产生的一种新的不确定性系统研究方法。

1982年，北荷兰出版公司出版的《系统与控制通讯》刊登了我国学者邓聚龙教授的第一篇灰色系统论文 *The Control Problems of Grey Systems*。同年，《华中工学院学报》刊登了邓教授的第一篇中文灰色系统论文《灰色控制系统》，这两篇论文的发表，标志着灰色系统理论的问世。灰色系统理论的主要特点是以“部分信息已知、部分信息未知”的“小样本”“贫信息”的不确定性系统为研究对象，主要通过对“部分”已知信息的生成、开发、提取有价值的信息，实现对系统的正确描述。由于灰色模型要求的实验数据少且没有特殊的要求和限制，因此从1982年该理论产生以来，广泛应用于社会、经济、工农业、交通、环境、管理、军事、石油等诸多领域。该理论自诞生起，就受到了学术界和实际工作者的极大关注，诸多著名专家学者给予了大力支持和充分肯定，许多中青年学者也加入到该理论的研究行列，以极大的热情开展理论探索和不同领域中的研究工作。特别是它在诸多科学领域中的成功应用，赢得了国内学术界的肯定和关注。

灰色关联是灰色系统理论中的一个重要分支。其基本思想是利用序列相邻点间的线性插值将离散数据映射为空间中的几何形状，进而通过序列的几何特征判别序列间联系是否紧密。在统计学理论中，判断变量间的关系必须首先明确关系的函数特性，例如线性或非线性关系，因此统计学方法必须有大量的样本进行支持。而在灰色关联理论中，“灰色”主要体现为数据间关系的不确定性，关系可能表现为接近性、相似性、振幅或周期，也有可能是几种关系的混合。这种不确定关系虽然使模型丧失了一部分“精确性”，但也使模型在小样本的情况下依然适用，有效拓展了模型的适用范围。因此灰色关联模型表现出旺盛的生命力，对该问题的研究将有助于人类科学水平的进一步发展。

我国作为世界上最大的发展中国家，自改革开放以来，经济快速发展，城市化进程逐步加快，同时环境问题也日益突出。近几年入冬以来，我国大部分地区出现了严重的雾霾现象，尤其是2013年12月份首次全国性的雾霾爆发，扩及25个省份、104个城市出现不同程度的雾霾天气。由大范围雾霾天气引起的高速公路临时管制、航班被迫取消、船舶抛锚待航等问题为人们的出行造成了极大的不便；雾霾气体能直接进入并黏附在人体下呼吸道和肺叶中，由此引起的呼吸道疾病严重危害了人类的健康问题。据北京大学环境科学与工程学院的一份研究报告显示，2013年1月的雾霾事件造成全国交通和健康的直接经济损失保守估计约230亿元。

随着经济的发展，生态环境问题严重威胁着人类的生产运作和日常生活，人类也越来越意识到这不再是单纯的经济问题或科学问题。因此，世界上许多国家都高度重视对生态安全的研究，并不仅仅是从概念、内涵表面的研究，已经渐渐深入到了指标体系的选取及定量研究、对区域生态安全评价的研究等方面。可见，生态安全及评价的研究日益成为国际重视的热点问题。

首先，郑州市地处中原，作为河南省省会、新欧亚大陆桥的战略支点城市、“一带一路”重要节点城市，不仅肩负着带动中原经济发展的重任，而且肩负建设国家中心城市的重任，近几年来也频繁发生大规模的雾霾现象，这严重影响了郑州市经济等各个方面的发展。因此，郑州市雾霾天气的影响因素对降低由雾霾引起的交通事故、交通延误带来的呼吸道疾病等问题，减少由于雾霾天气引起的经济损失，对保证交通畅通和减少雾霾对人体健康的危害具有重要的现实意义。其次，生态安全问题不仅危害市民的身体健康，同时也对本省经济的可持续发展有着重要的影响。因此，对郑州市生态安全的相关指标进行分析并做出评价，对控制及改善郑州市的生态安全问题给予一定的参考，具有很重要的现实意义。

雾霾天气的形成主要受人类污染排放以及气温、风力等自然现象的综合影响，是一个复杂的多因素交互作用的过程，其形成、爆发、蔓延、持续、消退等演变机制与污染排放密度、污染物排放量以及城市当前风力、风速、风向与污染物扩散之间等社会、经济和环境因素存在着复杂的非线性关系，且各因素间的影响效果也具有交叉性与关联性，又具有一定的不确定性；并且雾霾污染并非单纯的区域内环境问题，而是在很大程度上通过产业转移、工业集聚、污染泄漏、大气环流和交通流动等自然和经济机制扩散或转移到临近地区。因此，一方面，将空间计量模型运用到雾霾污染区域内和区域间的关键影响因素识别中，能有效地刻画经济、社会、环境等人为因素对雾霾的作用强度，为剖析雾霾污染的影响机理提供理论依据。另一方面我国大部分城市对 PM2.5 的监测开始于 2013 年 12 月，并且目前全国仅有一半左右的城市对大气污染指数进行检测，因此雾霾数据都具有数据量小、信息不完全、时序长度较短以及不确定性大的问题，这些问题都具有典型的灰色系统问题的特征。本书拟从灰色信息的角度，结合灰色建模的优势研究郑州市雾霾的影响因素和生态安全问题，为雾霾治理和生态安全评价提供理论依据，同时为灰色系统理论的发展提供一定的理论支持。

1.2 国内外研究现状

1.2.1 灰色关联理论研究现状

灰色关联模型的基本思想是根据序列曲线几何形状的相似度和接近度来判断序列之间的紧密程度，运用线性插值的方法构造序列因子观测值的分段连续折线，再根据折线几何特征进行关联度的测度分析。邓聚龙首先从点与点之间的距离出发，提出了邓氏关联度，随后众多学者按照这一思路又进行了深入的研究，取得了许多新的研究成果。赵宏将变异系数法引入灰色关联分析中，提高了灰色关联分析的精度；王先甲结合层次分析法和数据包络分析算法，提出了非均一化灰色关联模型。

改进的邓氏关联度：从增量、斜率、变化率等方面，提出了一些改进的关联度模型。王清印定义了位移差、斜率差和二阶斜率差，提出了灰色 B 型关联度和 C 型关联度；党耀国利用斜率的思想，提出了灰色斜率关联度模型并对其进行了改进；唐五湘按照两时间序列在相同时间段中的增量与总增量的比值来确定两序列间的相关程度，构造了灰色 T 型关联度。

改进的灰色关联模型：针对灰色关联模型的不足，一些学者对灰色关联模型进行了有益的拓展。刘思峰根据曲线间所夹的面积提出了广义灰色关联度，首先，利用线性差值方法将离散点映射为空间连续折线的方法，构建了广义灰色绝对关联模型和广义灰色相对关联模型。其次，从相似性视角和接近性视角构造灰色相似关联度和灰色接近关联度；张可提出了基于面板数据的灰色绝对关联度，并证明了与原灰色关联模型具有相似性质；Zhang 通过非线性规划模型构建灰色覆盖率区间对广义灰色关联模型进行拓展，提出了适用于区间灰数的广义灰色关联模型；李鹏针对现有直觉模糊决策不考虑决策背景的缺点，提出了一种基于灰色关联和案例推理的分类模型；李雪梅等构建了面板数据下新的灰色指标关联聚类模型和基于灰色准指数律的生成速率关联分析模型；施红星从序列的周期和振幅的角度，分别构造了灰色周期关联度；蒋诗泉等从曲线相邻点间多边形面积的角度，构建了基于面积的灰色关联模型；刘震等定义了反映折线拟合程度的相对面积，提出了基于相对面积的灰色接关联度模型；刘勇等结合灰色关联分析方法构建了含有灰色、模糊等不确定信息的双边匹配决策多目标优化模型；韩敏等针对灰色绝对关联度模型和灰色相似关联度模型存在的问题，提出了一种基于相对变化面积的改进灰色关联度模型。

灰色关联模型的应用：灰色关联分析在诸多方面得到了广泛的应用。Tzu-Yi Pai 等以日本四项空气环境质量指标（SPM、SO_2、NO_2、CO）标准为参照序列，分别从日本环境空气污染监测站和道路空气污染监测站获取了两类监测数据的时间序列，并计算与相应的空气质量标准之间的灰色关联度，再与城市各项交通运输的变化曲线进行逐一比较，评估交通运输对日本空气质量变化趋势的影响；郑方丹等将灰色关系分析应用到动力电池综合性能的评价中；Ebrahimi 等将灰色关联分析方法应用到社区微综合冷却加热供电（燃气热电冷联产）系统的原动力的选择中，研究结果证明灰色关联分析方法易于编程，且能给出合理的结果；Gao 等针对青海—西藏高原地区气候因素对永久冻土的影响，应用灰色关联分析研究了在 6 米深度的时候向下长波辐射对永久冻土温度的影响最大；ZHOU 等将灰色关联分析应用到中国西南部民航事故/事件的诱因问题中；Xue 等利用绝对灰色关联度研究了氧气顶吹转炉炉渣水溶液中铜的吸附特性。Wang 等利用灰色关联分析研究了试验中难以解决的铜镍石墨复合材料的摩擦特性与物理特性之间的关联度问题；S. Tripathy 等利用灰色关联分析探讨了粉混合放电加工过程中加工工艺参数的问题 。Shuen-Chin Chang 等人研究了中国台湾七个空气质量区域与全台湾空气质量的灰色关联度确定其污染水平，再利用灰色模型 GM（0，N）评估 5 种主要污染物对空气质量的影响；Tzu-Yi Pai 和 Keisuke Hanaki 等以日本四项空气环境质量指标（SPM、SO_2、NO_2、CO）标准为参照序列，分别从日本环境空气污染监测站和道路空气污染监测站获取了两类监测数据的时间序列，并计算与相应的空气质量标准之间的灰色关联度，再与城市各项交通运输的变化曲线进行逐一比较，评估交通运输对日本空气质量变化趋势的影响；Tao 以 CO_2 和 SO_2 排放量为环境质量指标，运用灰色关联理论对中国环境质量的影响因素进行分析。

1.2.2 灰靶决策方法

灰靶决策是邓聚龙教授提出的处理多方案多目标评价及优选问题的一种行之有效的方法，灰靶的思想是在一组模式序列中，找出最靠近目标值的数据构建标准模式，即为靶心，各模式与标准模式构成灰靶。刘思峰等定义了基于欧氏距离的靶心距的概念，由此提出了 s 维球形灰靶；党耀国等定义了区间数的距离，由此将灰靶决策扩展到区间数的情况，并构建了基于区间数的灰靶决策模型；陈永明等通过对邓氏灰靶不相容问题出现的频率进行了程序统计模拟，并指出邓氏灰靶的不足之处；宋捷等将靶心距作为向量在空间分析的基础上定义了综合靶心距，构建了基于正负靶心的灰靶决策模型；党耀国等建立了基于区间数的灰靶决策模型，从而把灰靶决策模型由实数序列拓展到区间数序列；朱建军等为解决冲突证据的融合问题，提出了基于证据相似性的证据协调加权因子，建立了基于灰靶决策的靶心距分布范围确定模型；曾波等通过比较指标集中各指标值与靶心连线所围成图形的面积大小对决策方案之优劣进行评价，从而在一定程度上弱化了建模对象中极端指标值对靶心距计算结果的影响；罗党等提出了一种基于各局势到正负靶心的空间投影距离的综合靶心距，并以此构建非线性优化模型来求解最优的目标权重；梁燕华等针对多属性决策的不确定性和多时点性，提出了基于灰熵和时间度建立时点权重的求解模型以及对各时点的靶心距进行集结的目标函数，利用隶属度对案例进行排序；刘思峰等构造了4种新型一致效果测度函数，将灰靶临界值设计为一致效果测度函数的正负分界点（即零点），充分考虑了目标效果值中靶和脱靶两种不同情况；Jinshan Ma 研究了灰靶决策中决策者的偏好对决策结果的影响；Shiwei Chen 等利用灰靶决策模型研究了油液监测中设备的磨损模式识别；Jianjun Zhu 等研究了基于语言标度的多阶段灰靶决策模型。

1.2.3 风险型决策方法

1.2.3.1 风险型群决策

风险型决策研究的目标就是在特定的环境下，人们预测可能出现的各种结果并权衡各方面的利益，面对内心的冲突，如何更为有效地预测人们在面临决策时的风险，最终在面对风险时如何做出正确的决策。风险型决策在社会、经济、工程、管理等领域有着广泛的应用背景，如重大项目的风险评估、灾害的风险评估、复杂产品的供应商选择、流域防洪系统规划、风险管理及风险对策等。目前常用的方法主要有数学期望法、后悔理论、可靠性规划法、概率约束规划法、期望—方差法、控制状态集递推法及分区多目标风险型决策方法等。

随着经济和社会的发展，人们经常会遇到庞大而复杂的多目标决策与风险决策问题，个体决策者由于知识结构、实践经验等不尽相同，很难考虑到决策问题的所有方面，为了体现决策的科学性和合理性，很多重要的决策都由多个专家共同参与、分析、评价和决策，最终找到一个全体成员都能接受的群满意解，因而就形成了一类风险型群决策问题。目前，群决策研究主要分为两个方面：一是社会心理学家通过实验的方法，观察分析群体相互作用对选择转移的影响；二是对个体偏好数量集结模型的研究。由于群决策风险型问题内在的复杂性，目前对于灰色风险型群决策的研究内容较少。姚升保利用势对随机优势与概率优方案在单个属性下的局部偏好进行描述，进而利用赋值级别高于关系得到总体偏好关系，提出了一种风险型多属性决策问题的求解方法。姚升保等基于综合赋权和 TOPSIS 法提出了连续风险型多属性决策问题的求解方法。毕文杰等结合 Bayesian 理论和 Montecarlo 模拟方法，针对方案属性值为随机变量和属性权重未知的风险型多属性群决策问题，提出了一种随机多属性决策方案选优的方法。罗党等针对方案指标评估值为区间灰数的风险决策问题和群决策问题，建立了灰色模糊关系法及双基点法两种决策方法求解灰色多指标风险型决策模型，利用数值分析中的幂法和群决策系统的熵模型，提出了一种基于理想矩阵的相对优属度的灰色风险型多属性群决策方法。刘培德等针对属性值为有限区间上的连续随机变量和属性权重未知的风险型多属性决策问题，通过计算每个方案与正负理想解的灰色关联度及相对贴近度来确定方案排序。

1.2.3.2 基于前景理论的风险型决策

Kahneman 和 Tversky 于 1979 年提出了前景理论，该理论发现了理性决策研究中没有意识到的行为模式，个体通过将概率转化为决策权重函数，可对不同的结果分派非概率权重。1982 年他们又提出了累积前景理论，该理论能更准确地反映决策者面临损失时的偏好风险，高估小概率事件，面临获得时厌恶风险，低估发生概率较大事件的心理特征。Gomes F J 对前景理论与市场交易量的关系问题进行了研究。Berkelaar A 利用前景理论解决了动态最优问题的建模技术问题。Krohling R A 等结合前景理论和模糊数提出了一种处理风险型不确定性的多属性决策问题方法。Wang J Q 等基于前景价值函数定义了一种新的得分函数，由此提出了基于前景得分函数的区间直觉模糊数多属性决策方法。Liu P D 等针对信息值为语言变量和属性权重为区间数的风险型多属性决策问题基于前景理论提出了一种新方法。Hu J H 等针对信息值为实数型的动态风险型决策问题，提出了一种基于累积前景理论和集对分析的决策方法。周维等依据累积前景效用理论和概率权重函数，提出了三步骤权重处理框架，对不同风险不确定决策源类型做不同的处理，并对“获得”和“失去”采用不同的处理方式，从而使决策者能够得出更加准确的决策权重。张洁等针对随机概率信息的决策矩阵，研究了基于前景理论的双重信息群决策过程。樊治平等提出了一种基于前景理论的应急响应风险决策方法。乐琦等针对考虑主体期望值的双边匹配问题，依据累积前景理论构建了求解该双边匹配问题的多目标优化模型。王坚强等将决策者的风险心理因素引入多准则决策问题中，首先定义了梯形模糊数的前景价值函数，由此构建了以方案综合前景值最大化的非线性规划模型求解最优权向量；王坚强等以两两方案互为参考点计算各准则下各方案的准则前景值，然后采用利差最大化的思想建立了规划模型，求解模型得出最优权系数向量；王正新等根据累积前景理论和灰色关联分析定义了前景价值函数，以此构建方案综合前景值最大化的优化模型。李鹏文等针对指标权重未知和方案的指标值为直觉模糊数的随机直觉模糊决策问题；张波等运用前景理论对出行行为进行了分析和建模，并对前景理论在出行行为研究中的适用性进行了探讨；祖伟等把前景理论引入薪酬管理实践中，然后分析了它在薪酬管理中的应用价值，并利用该理论系统分析了其成因，以期提高薪酬管理的科学性；郝立兴等以前景理论为理论基础，提出了“脉冲式”的改进网络学习环境、划分“奖励项目”、更改成绩的表现形式以及增加低概率惩罚措施等建议。马健等在利用期望效用理论解决风险性多属性决策问题时未考虑决策者实际决策时的不理性，为更充分地在决策中体现决策者的不理性，基于前景理论价值函数对风险—效益比进行修正，提出基于风险—效益比和前景理论的风险性多属性决策方法。向钢华等建立了基于累积前景理论的动态威慑模型，并分析了基于累积前景理论的有限理性威慑模型与基于期望效用理论的理性威慑模型之间的差异，指出这些差异是构成威慑博弈中挑战者行为被误判的重要原因。

1.2.4 动态决策方法

在社会经济系统中，人类所面临决策问题的结构越来越复杂，传统的多属性决策只考虑单个时点的决策信息，往往难以满足实际问题的需要，为了更好地评估评价对象的发展状况，需要对评价对象在一段时间内的情况进行综合考察，即动态多属性决策。该类问题是在目标空间和决策空间的基础上增加了时间空间，即对同一个被评对象，随着时间的推移与数据的积累，人们可以搜集到大量的按时间顺序排列的平面数据表序列，称为“时序立体数据表”，且这类问题在社会、经济、管理工程系统等各个领域有着广泛的应用背景，因此得到了众多学者的关注。樊治平等提出了动态多指标决策中的理想矩阵法，于新锋等对其进行了扩展研究。郭亚军等提出了时序加权平均（TOWA）算子和时序几何平均（TOWGA）算子两种新的算子，并应用于动态综合评价方法中。黄玮强等运用“时间度”的概念确定了时间权重，结合“差异驱动”和“功能驱动”的思想，以纵横向拉开档次动态综合评价方法为基础，构建了不完全指标偏好信息下的动态综合评价模型。郭亚军等在事先给定时间度的情况下，给出了确定时间权重的最小方差法。苏志欣等依据传统多准则妥协解排序法（VIKOR）的基本思路，引入了不确定动态加权平均（UDWA）算子进行集成。张小芝等针对决策信息不完全的动态多属性决策问题，将决策问题转化为各方案的广义优序数矩阵问题，根据广义优序数矩阵得到各时间序列的贴近度，由此确定时间序列的权重。Hu J H 等针对属性值为实数型的动态风险型决策问题，提出了一种基于累积前景理论和集对分析的决策方法。苏志欣等都是由专家给出时间点的权重，具有一定的主观性。梁燕华等针对多属性决策的不确定性和多时点性，提出了基于灰熵和时间度建立时点权重的求解模型。Yong-Huang Lin 等针对属性值为区间灰数的动态决策问题提出了基于明可夫斯基距离的 TOPSIS 方法。Guiwu Wei 等针对属性信息具有实数、区间数、语言形式的混合属性动态决策问题给出了灰色关联度方法。Zeshui Xu 等针对直觉模糊信息的动态决策问题提出了一种动态直觉模糊权重平均算子。

1.2.5 雾霾的研究现状

雾霾主要是由二氧化硫、氮氧化物和可吸入颗粒组成，其中前两者为气态污染物；霾是由大量极细微均匀地悬浮在空气中的烟、灰尘、硝酸、硫酸、有机碳氢化合物等粒子物质，在空气相对湿度低于 80%的情况下，使能见度小于 10km 的空气普遍呈现混浊的现象，可吸入颗粒是霾的主要成分，是造成雾霾天气的罪魁祸首。目前国内外对于雾霾形成的研究主要偏向于气象条件、雾霾的化学特性、成因及对策建议方面。雾霾形成的气象条件方面：Appel 和 Hodkinson 对大城市能见度降低问题进行研究，研究结果表明空气中 PM2.5、PM10 和 NO_2的增加会使城市能见度降低；Benson 中指出美国加利福尼亚交通部于 20 世纪末开发的一个基于高斯扩散方程的道路大气扩散模型 CALROADS 模型，该模型应用混合层的概念来预测道路上机动车尾气排放污染物的扩散；Oettl 等将马尔可夫链-蒙特卡洛模型加入到大气扩散模型中，研究结果表明在低风环境下，对空气污染物的预测结果比原模型更准确；孟兆佳等基于灰色系统理论，构建了雾霾强度与温度、湿度、风速、气压等的多层混合效应模型，研究得出了雾霾与主要成因的量化关系。王丛梅等利用河北省空气质量指数（AQI）、气象常规观测数据及美国国家环境预报中心（NCEP）1°×1°格距再分析资料，研究了 2013 年 1 月河北省中南部雾霾天气与地面气象要素、大气环境背景和地理条件之间的关系。

雾霾的化学特性方面：Seung-Shik 等对韩国光州地区的雾霾天气的测量数据进行研究，通过对雾霾空气中有机碳（OC）和无机碳（EC）以及无机离子等成分分析，得出了有机碳与无机离子之间的关系；Calvo 等首先阐述了过去及目前关于气溶胶的相关研究成果，并基于当前的研究成果提出了未来应该加强的研究方向；Kirpa 等对印度河—恒河地区的冬季雾霾事件进行了研究，通过对雾霾总悬浮颗粒以及二次气溶胶的分析得出其对雾霾的影响机制；Kerminen 等运用先进的技术工具对气溶胶云气候以及空气质量进行了研究，并进行了现场模拟观测，得到了最新的气溶胶形成过程；Garland 等通过对北京地面的气溶胶特性的测量，得出了北京市的主要空气颗粒污染来源；Witiw 等则从大气海洋循环阶段、城市热导效应以及悬浮颗粒物质的量等角度对洛杉矶地区浓雾的形成进行研究，得到了浓雾发生次数随时间变化的趋势。杨欣等利用 MPL-4B 型 IDS 系列微脉冲激光雷达观测资料，结合地面气象条件和天气形势，由 Fernald 算法反演得到此次污染过程中气溶胶垂直分布特性，并讨论与气溶胶地面监测数据的符合性。

雾霾的复合污染物成因主要体现在以下几个方面：①能源方面：李卫东等运用空间计量方法对北京市雾霾的社会经济影响因素进行实证分析，研究结果显示经济发展、工业和建筑业发展、能源消费、交通发展、城市绿化等因素对北京市雾霾污染具有显著影响；魏巍贤等通过建立中国动态可计算一般均衡模型，对中国能源结构调整、技术进步与雾霾治理的政策组合进行模拟研究；马丽梅等通过构建空间杜宾模型对能源结构、交通模式与雾霾污染的关系展开分析。②产业结构方面：刁鹏斐研究了雾霾污染与产业结构的空间相关性；刘晓红等采用我国 29 个省份 2001~2010 年面板数据，分析我国城镇化、产业结构与 PM2.5 之间的动态关系。③工业发展方面：何枫等利用 TOBIT 模型以 2013 年中国 74 个首批 PM2.5 监测城市的截面数据为研究样本，研究了雾霾与工业化发展之间的关系；田孟等对北京各工业行业排放的雾霾主要成分进行了测算和因素分解，结果显示能源结构的改善和能源强度的下降是雾霾排放的主因，并指出产业结构优化的减排潜力有待挖掘。④汽车尾气方面：李朝阳等将灰色 GM（1，1）模型对乌鲁木齐市未来四年的环境空气质量进行了预测分析，研究表明控制和减少车辆尾气对空气的污染不容忽视；李霁娆等指出控制机动车保有量、强化和完善管理制度等才真正有可能解决雾霾持续频发问题。⑤社会生活方面：张蕾等通过分析哈尔滨市大气环境质量概况和大气污染主要成因得出，该市大气细颗粒物的主要来自工业、民用秸秆燃烧、露天焚烧、道路交通、供暖、火电和非道路交通；李晓燕运用计量经济学实证研究方法分析得出：建筑粉尘对京津区域雾霾产生影响最大，建议京津冀要采取联动措施，建立生态补偿机制。⑥其他方面：李莉等从城市开发状况、地区环境、区域经济发展等角度，研究了影响雾霾天数的关键因素；王静等根据空气质量数据、地面气象要素、卫星遥感数据并结合后向轨迹模式研究了 2013 年上海地区入冬以来一次重污染过程的污染特征及其成因。

雾霾治理的对策建议方面：通过对相关文献的梳理，雾霾治理对策建议的研究主要体现为以下几个方面：①建立相关法律法规立体系；②构建区域协同治理；③应转变经济增长方式、加快产业结构和能源消费结构的调整；④交通污染、道路工地扬尘等。上述文献为本书研究提供了一定思路。

1.2.6 生态安全的研究现状

国外生态安全的定义开始于环境安全，20 世纪 90 年代，就有专家明确将环境安全定义为生态安全，这是生态安全的起源。后来的学者定义生态安全是从资源、经济、政治以及国家安全的角度，美国闻名环境学家 Norman Myers 认为由于国家盲目追求发展，而导致资源争斗，资源严重稀缺导致环境的退化，继而导致了经济和政事的不安全；Kim Losev 则说生态安全是在研究过生态威胁、生态风险之后进而演化而来的，他认为生态安全之所以对人类造成威胁，人类应该负首要责任，因此要想维持人类与自然和谐发展，就必须将生态安全纳入到公共安全中。Faber 等认为土壤的生态状况也是生态安全的一部分，他在研究土壤的生态安全时，引入了生态服务的概念。

国内学者对城市生态安全评价的研究则是仁者见仁，智者见智。何孙鹏借助 1977~2014 年间的六期遥感影像数据，利用 RS 和 GIS 技术，在分析其城市空间扩展的时空规律及其景观结构演变特征的基础上，基于“压力—状态—响应”（PSR）概念模型，进行了呼和浩特市区的景观生态安全评价研究。卢涛采用层次分析法与改进的熵权法，根据变权理论与 TOPSIS 理论，运用变权模型与改进的 TOPSIS 法构建了变权 TOPSIS 复合评价模型，并用此模型对合肥市 2005~2013 年土地生态安全状况进行动态分析评价。汪盾对攀枝花市进行了生态安全评价研究，基于 3S 技术和系统动力学（System Dynamics，SD）模型，利用 TM 遥感影像，初步得出攀枝花市的生态安全状况处于逐步改善的状况。并进一步提出建议：攀枝花市要防患于未然，在努力提升自己 GDP 的同时，必须重视自己的资源状况、环境状况和社会经济状况，只有合理利用资源、时刻把生态环境保护意识放在首位，才能完成全方位健康的可持续发展。段利宝选择乌鲁木齐市作为研究地区，应用物元模型对乌鲁木齐市 2003~2012 年的土地生态安全进行了分析和评价，分析了这十年中的土地生态安全变化规律，详细阐释产生动态变化的驱动因素，提出能提高该地区土地资源生态安全向健康、可持续方向发展的建议和政策。李莹基于 P-S-R 模型，通过指标选取以及定量分析构建了城市生态安全评价目标体系，采用层次分析法、主成分分析法对宁波市的城市生态安全进行了评价研究（2002~2011 年），最后对四市的生态安全水平排序。裴欢利用三年的 TM（ETM+）遥感影像，对秦皇岛东北部低山丘陵及东部沿海耕地景观进行了综合评价，并分别分析了生态安全格局、重心演变及其驱动力。张智光从产业—生态复合系统的视角研究了人类文明演进与生态安全变化的一般规律，构建出完整的人类文明与生态安全的椭圆演化模型，该模型深化和发展了环境库兹涅茨理论。

通过对现有灰色关联模型、雾霾和城市生态安全的研究成果进行全面的梳理，现有研究取得了丰富的成果，但总体而言，现有研究尚有以下不足。

（1）经典的邓氏关联度模型以及改进模型和其他扩展邓氏关联模型都是一种数据导向型建模方法，这些模型缺乏考虑现实问题的复杂性和先验的经济理论假设，建模机理相对简单，因而它的应用最为广泛，相关理论研究成果也很多，但是一些模型的改进思想和优化方法对本项目的后续研究工作提供了建模思路和理论参考。现有灰色关联模型对模型的分辨率以及含滞后性质因素的灰色关联模型的研究并不多见，在现实系统中相关影响因素对问题的影响作用往往表现出一定的滞后性，因此针对含滞后性因素的问题，现有模型在因素识别方面的不准确性使其实用性受到了很大的限制。

（2）目前对雾霾的研究已有丰富的成果，主要集中在雾霾形成的气象条件、雾霾的化学特性及成因方面。在雾霾成因的研究方面，主要侧重于从定性分析的角度，给出影响雾霾形成的主要影响因素，从定量的角度分析影响城市雾霾天气的主要影响因素的研究成果尚未出现。针对当下春冬季时节雾霾天气成为气象常态的现象，如何从定量角度研究雾霾的成因是一个亟待解决的课题。

（3）通过对阅读和整理国内外文献，国内外已经对生态安全做了足够多的研究，但可以总结出学者们的研究区域和研究方法过于集中和单一，其中研究区域广泛集中于一线发达城市，而对郑州市的生态安全研究相对较少；研究方法也是多采用概念模型等定性分析，缺少定量分析。本书在国内外已有文献的基础上，确定评价指标、搜集对应数据，利用层次分析法和灰色关联分析法，定量分析郑州市生态安全状况，希望能为今后郑州市生态安全的防护与治理提供理论依据。

1.3　本章小结

本章主要介绍了选题背景与有研究意义，灰色关联分析、灰靶决策方法、风险型决策方法、动态决策方法和雾霾的国内外研究现状。在此基础上，论述了已有研究存在的不足之处和下一步可能的相关研究，进一步明确本书的研究目标、研究内容和研究方法，为后文的研究奠定基础。

2 基本理论

灰数是灰色系统的基本单元，在实际问题中，把只知道取值范围而不知道其确切值的数称为灰数，即灰数实际上是指在某一个区间或某个一般的数集内取值不确定的实数，通常用符号“$\otimes$”表示。灰数有5种类型：仅有下界的灰数、仅有上界的灰数、区间灰数、连续灰数与离散灰数、黑数与白数。在实际的灰色决策问题中，常用的为区间灰数。

2.1 区间灰数和三参数区间灰数

定义2.1 既有上界 $\bar{a}$ 又有下界 $\underline{a}$ 的灰数称为区间灰数，记作 $\otimes \in [\underline{a}, \bar{a}]$，且 $\underline{a} \leq \bar{a}$。

在谢乃思，刘思锋（2009）的论文中，作者从命题的角度定义了灰数的概念，详细阐述了灰数的内涵，指出了灰数是基于某信息背景的只知道取值范围而不知道其确切值的实数，其取值范围是该灰数的数值覆盖集合，即包含唯一真值 d^* 的实数集合，且当决策者获取的信息越来越多时，取值范围也随之变小，当决策者掌握所有信息时，灰数将转化为一个实数。例如，某人2005年的年龄可能是30~45岁，即 $a(\otimes) \in [30, 45]$ 是个区间灰数。根据了解，该人受初、中级教育共12年，并且是在20世纪80年代中期考入大学的，故此人到2005年的年龄为38岁左右的可能性比较大，或者说在36~40岁的可能性比较大。

设 $\otimes_1 \in [\underline{a}, \bar{a}]$，$\otimes_2 \in [\underline{b}, \bar{b}]$ 为区间灰数，则区间灰数的运算法则如下：

(1) $\otimes_1 + \otimes_2 \in [\underline{a} + \underline{b}, \bar{a} + \bar{b}]$；

(2) $\otimes_1 - \otimes_2 \in [\underline{a} - \overline{b}, \overline{a} - \underline{b}]$；

(3) $\otimes_1 \times \otimes_2 \in [\min\{\underline{a}\,\underline{b}, \underline{a}\,\overline{b}, \overline{a}\,\underline{b}, \overline{a}\overline{b}\}, \max\{\underline{a}\,\underline{b}, \underline{a}\,\overline{b}, \overline{a}\,\underline{b}, \overline{a}\overline{b}\}]$；

(4) $\otimes_1 / \otimes_2 \in [\min\{\underline{a}/\underline{b}, \underline{a}/\overline{b}, \overline{a}/\underline{b}, \overline{a}/\overline{b}\}, \max\{\underline{a}/\underline{b}, \underline{a}/\overline{b}, \overline{a}/\underline{b}, \overline{a}/\overline{b}\}]$；

(5) $(\otimes_1)^{-1} \in \left[\frac{1}{\overline{a}}, \frac{1}{\underline{a}}\right]$；

(6) $k * \otimes_1 \in [k\underline{a}, k\overline{a}]$，其中 k 为实数；

(7) $(\otimes_1)^k \in [\underline{a}^k, \overline{a}^k]$，其中 k 为实数。

定义 2.2 设 $a(\otimes) \in [\underline{a}, \overline{a}]$ 和 $b(\otimes) \in [\underline{b}, \overline{b}]$ 为两个区间灰数，则

$$d(a(\otimes), b(\otimes)) = 2^{-\frac{1}{2}}\sqrt{(\underline{a} - \underline{b})^2 + (\overline{a} - \overline{b})^2}$$

是区间灰数 $a(\otimes)$ 和 $b(\otimes)$ 的距离。

定义 2.3 设灰数 $\otimes$ 产生的背景或论域为 Ω，$\mu(\otimes)$ 为灰数 $\otimes$ 取数域的测度，则称

$$g^\circ(\otimes) = \mu(\otimes)/\mu(\Omega)$$

为灰数 $\otimes$ 的灰度。

灰数 $\otimes$ 的灰度符合以下公理：

(1) $0 \leqslant g^\circ(\otimes) \leqslant 1$；

(2) $\otimes \in [\underline{a}, \overline{a}] (\underline{a} \leqslant \overline{a})$，当 $\underline{a} = \overline{a}$ 时，$g^\circ(\otimes) = 0$；

(3) $g^\circ(\Omega) = 1$；

(4) $g^\circ(\otimes)$ 与 $\mu(\otimes)$ 成正比，与 $\mu(\Omega)$ 成反比。

定义 2.4 设 $\otimes_1 \in [\underline{a}, \overline{a}]$，$\otimes_2 \in [\underline{b}, \overline{b}]$ 则称

$$\otimes_1 \cap \otimes_2 = \{\xi \mid \xi \in [\underline{a}, \overline{a}] \text{且} \xi \in [\underline{b}, \overline{b}]\}$$

为区间灰数 $\otimes_1$ 和 $\otimes_2$ 的交。

定理 2.1 $g^\circ(\otimes_1 \cap \otimes_2) \leqslant g^\circ(\otimes_k)$，$k = 1, 2$。

定义 2.5 设 $\otimes_1 \in [\underline{a}, \overline{a}]$，$\otimes_2 \in [\underline{b}, \overline{b}]$ 则称

$$\otimes_1 \cup \otimes_2 = \{\xi \mid \xi \in [\underline{a}, \overline{a}] \text{或} \xi \in [\underline{b}, \overline{b}]\}$$

为区间灰数 $\otimes_1$ 和 $\otimes_2$ 的并。

定理 2.2 $g^{\circ}(\otimes_1 \cup \otimes_2) \geqslant g^{\circ}(\otimes_k)$，$k=1, 2$。

定义 2.6 设 $\otimes_1 \in [\underline{a}, \bar{a}]$ 和 $\otimes_2 \in [\underline{b}, \bar{b}]$ 为区间灰数，记 $l_a = \bar{a} - \underline{a}$，$l_b = \underline{b} - \bar{b}$ 则称

$$p(a(\otimes) \geqslant b(\otimes)) = \frac{\min\{l_a + l_b, \max(\bar{a} - \underline{b}, 0)\}}{l_a + l_b}$$

为区间灰数 $a(\otimes) \geqslant b(\otimes)$ 的可能度。

定义 2.7 设 $a(\otimes) \in [\underline{a}, \bar{a}]$ 和 $b(\otimes) \in [\underline{b}, \bar{b}]$ 为两个区间灰数，若

$$\frac{\underline{a} + \bar{a}}{2} > \frac{\underline{b} + \bar{b}}{2}$$

则 $a(\otimes) > b(\otimes)$；当 $\frac{\underline{a} + \bar{a}}{2} = \frac{\underline{b} + \bar{b}}{2}$ 时，若 $\underline{a} > \underline{b}$，则 $a(\otimes) > b(\otimes)$。

在实际的决策问题中，有时候用区间灰数表示决策信息，为了获取所有信息，将区间范围取值过大，这将使决策结果的不确定性增大，考虑到区间灰数的不足，罗党引入了三参数区间灰数。

定义 2.8 既有上界 $\bar{a}$ 又有下界 $\underline{a}$ 的灰数称为区间灰数，记作 $\otimes \in [\underline{a}, \bar{a}]$，且 $\underline{a} \leqslant \bar{a}$；若区间灰数取值可能性最大的数已知，即区间灰数可表示为 $\otimes \in [\underline{a}, \tilde{a}, \bar{a}]$，则称之为三参数区间灰数，其中 $\tilde{a}$ 是 $\otimes$ 取值可能性最大的数，称为重心。

由三参数区间灰数的定义可知，类似于区间灰数的运算性质，可定义三参数区间灰数的运算。例如，设 $\otimes_1 \in [\underline{a}, \tilde{a}, \bar{a}]$，$\otimes_2 \in [\underline{b}, \tilde{b}, \bar{b}]$ 为三参数区间灰数，则三参数区间灰数的运算法则如下：

(1) $\otimes_1 + \otimes_2 \in [\underline{a} + \underline{b}, \tilde{a} + \tilde{b}, \bar{a} + \bar{b}]$；

(2) $\otimes_1 - \otimes_2 \in [\underline{a} - \bar{b}, \tilde{a} - \tilde{b}, \bar{a} - \underline{b}]$；

(3) $\otimes_1 \times \otimes_2 \in [\min\{\underline{a} \cdot \underline{b}, \underline{a} \cdot \bar{b}, \bar{a} \cdot \underline{b}, \bar{a} \cdot \bar{b}\}, \tilde{a} \cdot \tilde{b}, \max\{\underline{a} \cdot \underline{b}, \underline{a} \cdot \bar{b}, \bar{a} \cdot \underline{b}, \bar{a} \cdot \bar{b}\}]$

(4) $\otimes_1 / \otimes_2 \in [\min\{\underline{a}/\underline{b},\ \underline{a}/\bar{b},\ \bar{a}/\underline{b},\ \bar{a}/\bar{b}\},\ \tilde{a}/\tilde{b},\ \max\{\underline{a}/\underline{b},\ \underline{a}/\bar{b},\ \bar{a}/\underline{b},\ \bar{a}/\bar{b}\}]$

(5) $(\otimes_1)^{-1} \in \left[\frac{1}{\bar{a}},\ \frac{1}{\tilde{a}},\ \frac{1}{\underline{a}}\right]$;

(6) $k \times \otimes_1 \in [k\underline{a},\ k\tilde{a},\ k\bar{a}]$，其中 k 为实数；

(7) $(\otimes_1)^k \in [\underline{a}^k,\ \tilde{a}^k,\ \bar{a}^k]$，其中 k 为实数。

通常情况下，三参数区间灰数 $\otimes$ 的取值可能性由最可能取值点 $\tilde{a}$ 向上界 $\bar{a}$ 和下界 $\underline{a}$ 逐渐递减，如图 2-1 所示。

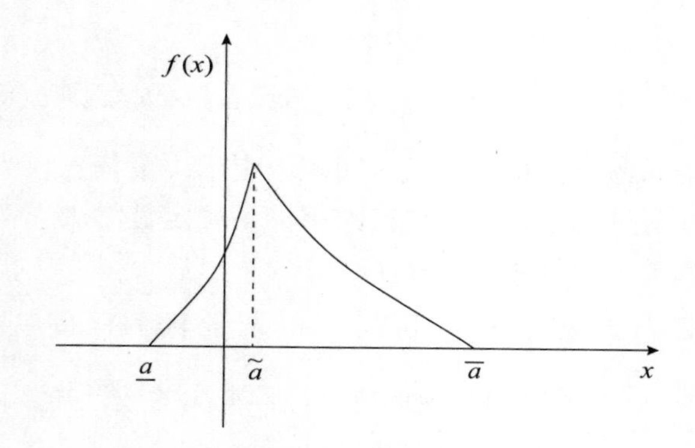

图 2-1　三参数区间灰数

其中，$f(x)$ 表示区间内某一点取值的概率。宋建军等（2008）指出，取值可能性最大的点对应的分布概率为 $f(\tilde{a}) \geq \delta$，其中 δ 为一个常数，只有当 δ 达到一定程度时，才能称之为最可能值，一般情况取 $\delta \geq 60\%$；若 $\delta < 60\%$，则说明决策有误，需要决策者重新审视问题并对判断做出相应调整。

定义 2.9　设 $\otimes_1 \in [\underline{a},\ \tilde{a},\ \bar{a}]$ 和 $\otimes_2 \in [\underline{b},\ \tilde{b},\ \bar{b}]$ 为两个三参数区间灰数，则

$$d(\otimes_1,\ \otimes_2) = 3^{-\frac{1}{2}}\sqrt{(\underline{a} - \underline{b})^2 + (\tilde{a} - \tilde{b})^2 + (\bar{a} - \bar{b})^2}$$

是三参数区间灰数 $\otimes_1$ 和 $\otimes_2$ 的距离。

当 $\otimes_1$ 和 $\otimes_2$ 均为实数时，即 $\underline{a} = \tilde{a} = \bar{a}$，$\underline{b} = \tilde{b} = \bar{b}$，则

$$d(\otimes_1, \otimes_2) = |\underline{a} - \underline{b}| = d(a, b)$$

其中，$d(\otimes_1, \otimes_2)$ 为实数 a 和 b 之间的距离。

2.2 D-S 证据理论

定义 2.10 设 Θ 是关于命题的相互独立的可能答案或假设的一个有限集合，并且假设这些已知答案或假设中有且只有一个是正确的，我们称 Θ 为辨识框架。

定义 2.11 设 Θ 为辨识框架，如果集函数 m：$2^{\Theta} \mapsto [0, 1]$（$2^{\Theta}$ 为 Θ 的幂集），满足：$m(\varphi) = 0$，$\sum_{A \subseteq \Theta} m(A) = 1$，则称为 m 辨识框架上的基本概率分配（Mass 函数）。其中，使 $m > 0$ 的 A 称为焦元；$\forall A \subseteq \Theta$，$m(A)$ 称为 A 的基本概率分配值。

A 的基本概率分配值反映了证据对 A 本身的信任度，而 $m(\varphi) = 0$，则反映了对于空集（空命题）不产生信任度；而 $\sum_{A \subseteq \Theta} m(A) = 1$ 反映了所有命题赋的基本信度值之和必须等于 1，即总信度为 1。

定义 2.12 如果 m 是一个基本概率分配值，则称

$$\forall A \subseteq \Theta, \ Bel(A) = \sum_{B \subseteq A} m(B)$$

则称 Bel 为框架 Θ 上的信度函数。

定理 2.3 设 Θ 是一个辨识框架，则信度函数 Bel：$2^{\Theta} \mapsto [0, 1]$ 满足以下性质：

(1) $Bel(\varphi) = 0$；

(2) $Bel(\Theta) = 1$；

(3) $\forall A_1, A_2, \cdots, A_n \subseteq \Theta$，

$$Bel(\cup_{i=1}^{n} A_i) \geq \sum_{i=1}^{n} Bel(A_i) - \sum_{i<j} Bel(A_i \cap A_j) + \cdots + (-1)^{n+1} Bel(\cap_{i=1}^{n} A_i)。$$

定义 2.13 （D-S 合成法则）对于 $\forall A \subseteq \Theta$，$\Theta$ 上的两个集函数（mass 函数）m_1 和 m_2 的合成法则为

$$(m_1 \oplus m_2)(A) = \frac{1}{1-K} \sum_{B \cap C = A} m_1(B) m_2(C)，\ 其中 K = \sum_{B \cap C = \varphi} m_1(B) m_2(C)。$$

定理 2.4 D-S 合成公式满足交换律和结合律，即

(1) $m_1 \oplus m_2 = m_2 \oplus m_1$；

(2) $m_1 \oplus (m_2 \oplus m_3) = (m_1 \oplus m_2) \oplus m_3$。

2.3 前景理论

Kahneman 和 Tversky 于 1979 年提出了展望理论，又称为前景理论，该理论发现了理性决策研究中没有意识到的行为模式，个体将通过概率转化为决策权重函数，可对不同结果分派非概率权重。

前景价值由价值函数和决策权重共同决定，即：

$$V = \sum_{i=1}^{n} \pi(p_i) v(x_i)$$

其中，V 为前景价值；$\pi(p)$ 为决策权重，是概率评价性的单调增函数；$v(x)$ 为价值函数，是决策者主观感受形成的价值。在前景理论中，决策者在面临风险决策时，将根据参考点来衡量决策的收益和损失。在参考点上，人们更加重视预期与结果的差距而不是结果本身，所以可能会因为参考点的选择不同，使得每次决策都随之改变，因此选择什么样的参考点至关重要。

Kahneman 和 Tversky 通过大量实验得出的价值函数的形式如下：

$$v(x) = \begin{cases} (x)^{\alpha} & x \geq 0 \\ -\theta (x)^{\beta} & x < 0 \end{cases}$$

其中，参数 α 和 β 分别表示收益和损失区域价值幂函数的凹凸程度，α、$\beta < 1$ 表示敏感性递减；系数 θ 表示损失区域比收益区域更陡的特征，$\theta > 1$ 表示损失厌恶。

在前景理论中，决策权重函数将概率转化为概率的非线性函数，能更准确地反映决策者面临损失时高估小概率事件，面临收益时低估发生概率较大事件的心理特征，也即对于小概率事件，此时权重大于概率；对于中大概率事件，此时权重小于概率。根据 Kahneman 和 Tversky（1979）相关文献，决策者面临收益和损失时的前景决策权重函数分别为：

$$\pi^{+}(p) = p^{\gamma} / [p^{\gamma} + (1-p)^{\gamma}]^{1/\gamma}$$

$$\pi^{-}(p) = p^{\delta} / [p^{\delta} + (1-p)^{\delta}]^{1/\delta}$$

其中，$\alpha = \beta = 0.88$，$\theta = 2.25$，$\gamma = 0.61$，$\delta = 0.69$，这些数值是通过对大量决策个体进行实验测试，对得到的数据进行回归分析，得出与实验结果最为一

致的取值。

1979 年 Tversky 和 Kahnmean 发现前景理论有以下不足：①不一定满足随机占优原则；②无法扩展到有较大数目结果的情况，于是他们又提出了累积前景理论，该理论能更准确地反映决策者面临损失时偏好风险，高估小概率事件，面临获得时厌恶风险，低估发生概率较大事件的心理特征。

前景理论与累计前景理论的差别在于决策权重函数的不同，累计前景理论中的决策权重函数的表示形式为：

$$\pi_i^- = w^-(p_1 + \cdots + p_i) - w^-(p_1 + \cdots + p_{i-1})\ 2 \leqslant i \leqslant k$$

$$\pi_i^+ = w^+(p_i + \cdots + p_n) - w^+(p_{i+1} + \cdots + p_n)\ k + 1 \leqslant i \leqslant n - 1$$

其中，$w^-(p) = \dfrac{p^\gamma}{[p^\gamma + (1-p)^\gamma]^{1/\gamma}}$，$w^+(p) = \dfrac{p^\delta}{[p^\delta + (1-p)^\delta]^{1/\delta}}$。

2.4 软集

定义 2.14 设 U 为初始论域，E 为参数集，$P(U)$ 为集合 U 的幂集，$A \subseteq E$，$F: A \rightarrow P(U)$ 为一个映射，则称 (F, A) 为 U 上的软集。简记为 F_A。

由上述定义 2.14 可知，软集是初始论域 U 上的参数化的子集，即对于 $\forall e \in A$，$F(e)$ 表示的是具有 e 参数性质的集合，则软集 (F, A) 是由具有 A 中各个参数性质的集合所构成。记 $S(U)$ 为初始论域 U 上所有软集的集合。

例 2.1 例如有 4 位病人 $U=\{u_1, u_2, u_3, u_4\}$，参数集为 $E=\{e_1, e_2, e_3, e_4, e_5, e_6\}$，其中，$e_1$=发烧，$e_2$=咳嗽胸闷，$e_3$=咳嗽，$e_4$=身体疼痛，$e_5$=头疼，$e_6$=呼吸困难，欲根据每个患者的病情判断是否患肺炎。

通过医生诊断可以得到 $F(e_1)=\{u_2, u_3\}$，$F(e_2)=\{u_1, u_2\}$，$F(e_3)=\{u_2, u_3, u_4\}$，$F(e_4)=\{u_2, u_3\}$，$F(e_5)=\{u_1, u_3\}$，$F(e_6)=\{u_1, u_4\}$。记 $A=\{e_1, e_2, e_3, e_5\}$，$A \subseteq E$，则由软集的定义可知软集 (F, A)={发烧=$\{u_2, u_3\}$；咳嗽胸闷=$\{u_1, u_2\}$；咳嗽=$\{u_2, u_3, u_4\}$；头疼=$\{u_1, u_3\}$ }。

定义 2.15 设 (F, A) 和 (G, B) 是初始论域 U 上的两个软集，则：

$$(F, A) \wedge (G, B) = (H, A \times B)$$

称为软集 (F, A) 和 (G, B) 的交，其中，$H(\alpha, \beta) = F(\alpha) \cap G(\beta)$，$\forall (\alpha, \beta) \in A \times B$。

定理 2.5 设 F_A，F_B，$F_C \in S(U)$，则有：

(1) $F_A \cap F_A = F_A$；

(2) $F_A \cap F_\Phi = F_\Phi$；

(3) $F_A \cap F_B = F_B \cap F_A$；

(4) $(F_A \cap F_B) \cap F_C = F_A \cap (F_B \cap F)_C$。

定义 2.16 设 (F, A) 和 (G, B) 是初始论域 U 上的两个软集，则：

$$(F, A) \vee (G, B) = (O, A \times B)$$

称为软集 (F, A) 和 (G, B) 的并，其中，$H(\alpha, \beta) = F(\alpha) \cup G(\beta)$，$\forall(\alpha, \beta) \in A \times B$。

定理 2.6 设 F_A，F_B，$F_C \in S(U)$，则有：

(1) $F_A \cup F_A = F_A$；

(2) $F_A \cup F_\Phi = F_A$；

(3) $F_A \cup F_B = F_B \cup F_A$；

(4) $(F_A \cup F_B) \cup F_C = F_A \cup (F_B \cup F)_C$。

2.5 本章小结

本章首先介绍了区间灰数和三参数区间灰数的一些相关概念和运算法则，其次介绍了 D-S 证据理论、前景理论和软集理论的一些相关概念和理论，为后续章节中几种方法的应用打下了基础。

3　基于方差的改进邓氏关联度

3.1　引言

在系统研究中，客观现象之间存在着各种各样的有机联系，一种经济现象的存在和发展变化必然受到与之相联系的其他现象存在和反正变化的制约和影响，多种因素共同作用的结果决定了该系统的发展态势。比如粮食生产系统，我们希望提高粮食总产量，而影响粮食总产量的因素是多方面的，有播种面积以及水利、化肥、土壤、种子、劳力、气候、耕作技术和政策环境等。

数理统计中的回归分析、方差分析、主成分分析等都是用来进行系统分析的方法。这些方法都有下述不足之处：

（1）要求有大量数据，数据量少就难以找出统计规律。

（2）要求样本服从某个典型的概率分布，要求各因素数据与系统特征数据之间呈线性关系且各因素之间彼此无关。这种要求往往难以满足。

（3）计算量大，一般要靠计算机帮助。

（4）可能出现量化结果与定性分析结果不符的现象，导致系统的关系和规律遭到歪曲和颠倒。

灰色关联分析方法弥补了采用数理统计方法做系统分析所导致的缺憾。它对样本量的多少和样本有无规律都同样适用，而且计算量小，十分方便，更不会出现量化结果与定性分析结果不符的情况。

灰色关联分析的基本思想是根据序列曲线几何形状的相似程度来判断其联系是否紧密。曲线越接近，相应序列之间关联度就越大，反之就越小。

3.2 基本概念

邓氏灰色关联度是灰色关联理论的经典模型，其思想是依据序列对应点之间的距离测度，研究系统因素变化趋势的相似性。

定义 3.1 设 $X_i = (x_i(1), x_i(2), \cdots, x_i(n))$ 为原始数据序列，D 为序列算子，算子对序列中数据的影响用 d 表示，则称

$$X_iD = (x_i(1)d, x_i(2)d, \cdots, x_i(n)d)$$

缓冲算子是灰色理论的一个重要内容，包括初值化算子、均值化算子、区间化算子等。通过算子的作用，其目的是消除冲击扰动项对系统行为数据序列的影响，使序列数据转化为数量级大体接近的无量纲数据，且能将负相关数据转化为正相关数据。

定义 3.2 设有数据序列 $X_i = (x_i(1), x_i(2), \cdots, x_i(n))$，$i$ 为标号，D_1 为序列算子，且

$$X_iD_1 = (x_i(1)d_1, x_i(2)d_1, \cdots, x_i(n)d_1)$$

其中

$$x_i(k)d_1 = \frac{x_i(k)}{x_i(1)}, x_i(1) \neq 0, k = 1, 2, \cdots, n$$

则称 D_1 为初值化算子。

初值化算子最主要的作用是消除数据序列的量纲，同时还可以将初始化后序列的始点移到 1 处。

定义 3.3 设 $X_i = (x_i(1), x_i(2), \cdots, x_i(n))$ 为因素 X_i 的行为序列，D_2 为序列算子，且

$$X_iD_2 = (x_i(1)d_2, x_i(2)d_2, \cdots, x_i(n)d_2)$$

其中

$$x_i(k)d_2 = \frac{x_i(k)}{\bar{X}_i}, \bar{X}_i = \frac{1}{n}\sum_{k=1}^{n} x_i(k); k = 1, 2, \cdots, n$$

则称 D_2 为均值化算子，X_iD_2 为 X_i 在均值化算子 D_2 下的像，简称均值像。

定义 3.4 设 $X_0 = (x_0(1), x_0(2), \cdots, x_0(n))$

$$X_1=(x_1(1),\ x_1(2),\ \cdots,\ x_1(n))$$
$$\cdots\cdots$$
$$X_i=(x_i(1),\ x_i(2),\ \cdots,\ x_i(n))$$
$$\cdots\cdots$$
$$X_m=(x_m(1),\ x_m(2),\ \cdots,\ x_m(n))$$

为相关因素序列。给定实数 $\gamma(x_0(k),\ x_i(k))$，若实数

$$\gamma(X_0,\ X_i)=\frac{1}{n}\sum_{k=1}^{n}\gamma(x_0(k),\ x_i(k))$$

满足

（1）规范性：

$$0<\gamma(X_0,\ X_i)\leqslant 1,\ \gamma(X_0,\ X_i)=1\Leftarrow X_0=X_i$$

（2）整体性：

对于 $X_i,\ X_j\in X=\{X_s\mid s=0,\ 1,\ 2,\ \cdots,\ m;\ m\geqslant 2\}$，有

$$\gamma(X_i,\ X_j)\neq\gamma(X_j,\ X_i)\qquad(i\neq j)$$

则称 $\gamma(X_0,\ X_i)$ 为 X_i 与 X_0 的灰色关联度，$\gamma(x_0(k),\ x_i(k))$ 为 X_i 与 X_0 在 k 点的关联系数，并称条件（1）和（2）为灰色关联公理。

定义 3.5 设系统行为序列

$$X_0=(x_0(1),\ x_0(2),\ \cdots,\ x_0(n))$$
$$X_1=(x_1(1),\ x_1(2),\ \cdots,\ x_1(n))$$
$$\cdots\cdots$$
$$X_i=(x_i(1),\ x_i(2),\ \cdots,\ x_i(n))$$
$$\cdots\cdots$$
$$X_m=(x_m(1),\ x_m(2),\ \cdots,\ x_m(n))$$

对于 $\xi\in(0,\ 1)$，令

$$\gamma(x_0(k),\ x_i(k))=\frac{\min\limits_i\min\limits_k|x_0(k)-x_i(k)|+\xi\max\limits_i\max\limits_k|x_0(k)-x_i(k)|}{|x_0(k)-x_i(k)|+\xi\max\limits_i\max\limits_k|x_0(k)-x_i(k)|}$$

$$\gamma(X_0,\ X_i)=\frac{1}{n}\sum_{k=1}^{n}\gamma(x_0(k),\ x_i(k))$$

则 $\gamma(X_0,\ X_i)$ 满足灰色关联公理，其中 ξ 称为分辨系数。$\gamma(X_0,\ X_i)$ 称为 X_0 与 X_i 的灰色关联度。

由上述定义3.5可知，邓氏灰色关联度是点关联系数的算数平均，该关联度虽然可以体现关联性的整体态势，但却不能反映分辨结果之间的相互影响与抵消，无法体现序列之间的波动性。本书将利用方差的概念，提出一种新的邓氏关联度，改进的邓氏关联度能更好地反映数据的波动性，提高评价结果的准确性。

3.3 基本方差的改进邓氏关联度

定义3.6 设有数据序列 X_0，X_i，i 为系统标号，$x_0(k)$ 与 $x_i(k)$ 为序列元素，$k=1, 2, \cdots, n$，$\overline{x_0}$ 与 $\overline{x_i}$ 分别为序列均值，$\overline{x_0} = \frac{1}{n}\sum_{k=1}^{n} x_0(k)$，$\overline{x_i} = \frac{1}{n}\sum_{k=1}^{n} x_i(k)$，令 $\Delta = \sqrt{(x_0(k) - \overline{x_0})^2} - \sqrt{(x_i(k) - \overline{x_i})^2}$，则称

$$\xi(x_0(k),\ x_i(k)) = \frac{\min\limits_i \min\limits_k |\Delta| + \xi \max\limits_i \max\limits_k |\Delta|}{|\Delta| + \xi \max\limits_i \max\limits_k |\Delta|}$$

为序列 X_0 与 X_i 方差关联系数。其中分辨系数 $\xi \in (0, 1)$，$i = 1, \cdots, m$，则称

$$\varepsilon(X_0,\ X_i) = \frac{1}{n}\sum_{k=1}^{n} \xi(x_0(k),\ x_i(k))$$

为序列 X_0 与 X_i 的方差灰色关联度。

定理3.1 设有数据序列 X_0，X_i，$\varepsilon(X_0, X_i)$ 为序列 X_0 与 X_i 的方差灰色关联度，则

(1) 规范性：$0 \leqslant \varepsilon(X_0, X_i) \leqslant 1$，$\varepsilon(X_0, X_i) = 1 \Leftarrow X_0 = X_i$

(2) 整体性：对于 $X_0, X_i \in X = \{X_s \mid s = 0, 1, 2, \cdots, m;\ m \geqslant 2\}$ 有

$$\varepsilon(X_0,\ X_i) \neq \varepsilon(X_i,\ X_0),\ i \neq j$$

(3) 接近性：$\left|\Delta = \sqrt{(x_0(k) - \overline{x_0})^2} - \sqrt{(x_i(k) - \overline{x_i})^2}\right|$ 越小，$\varepsilon(X_0, X_i)$ 越大。

3.4 实例分析

发制品行业起源于一百多年前，经过不断地演变发展，行业不断发展壮大。

近几年以来，全球发制品市场规模发展形势良好，年均增长速度保持在18%以上。我国是世界上最重要的发制品输出国，河南许昌是中国的发制品基地，2013年出口量占到全国将近50%以上。中国发制品贸易网是专业的发制品电子商务平台，收录了全球几千家发制品相关企业个人资料和供求信息。本书以我国发制品的企业构成为例，选择具有代表性的国有企业、三资企业、民营企业、个体工商户四种企业类型，2006~2013年的进出口总额数据（如表3-1所示）进行分析。

表3-1　2006~2013年我国及其四大类企业发制品的进出口总额

单位：万美元

年份	2006	2007	2008	2009	2010	2011	2012	2013
总量	84228.003	117327.9129	132201.1434	156019.4581	190321.1833	231675.4919	275539.1137	312348.5408
国有企业	8309.4272	7699.7521	9937.797	8030.1092	8060.9543	8011.4608	8814.2872	6888.2706
三资企业	37801.1335	49042.5796	49206.9626	51911.5771	60231.0431	60225.503	61241.9225	52209.869
民营企业	37561.3696	60029.3253	72515.458	95354.7052	121223.1514	161748.9782	203070.7943	250360.5594
个体工商户	556.0727	556.2559	540.9258	723.0666	806.0345	1689.5499	2412.1097	2889.8418

设总量为参考列 X_0 为参考序列，国有企业、三资企业、民营企业、个体工商户 X_1，X_2，X_3，X_4 为比较列，由邓氏关联度计算为：

$$\gamma(X_0, X_1) = 0.6139, \gamma(X_0, X_2) = 0.7065$$
$$\gamma(X_0, X_3) = 0.6499, \gamma(X_0, X_4) = 0.7241$$

即

$$X_4 > X_2 > X_3 > X_1$$

从图3-1至图3-5可以看出，民营企业销售总额和销售总额的走势最相似，而由经典邓氏关联度得到的是个体工商户的销售总额与销售总额最为接近，这与实际不相符。

由方差灰色关联度计算得关联度为：

$$\gamma(X_0, X_1) = 0.5452, \gamma(X_0, X_2) = 0.5576$$
$$\gamma(X_0, X_3) = 0.9272, \gamma(X_0, X_4) = 0.5462$$

得到企业的排序为：

$$X_3 > X_2 > X_4 > X_1$$

从图3-1~图3-5可以看出，由新的邓氏关联度得到的排序更为合理，这也说明了该书提出方法的合理性。

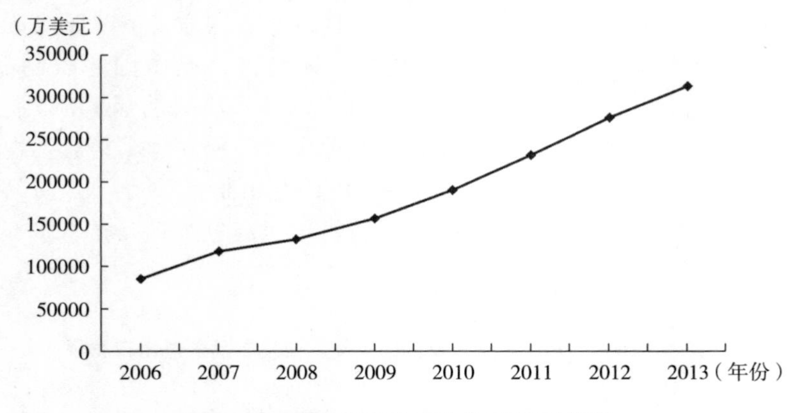

图 3-1　2006~2013 年发制品进出口总额

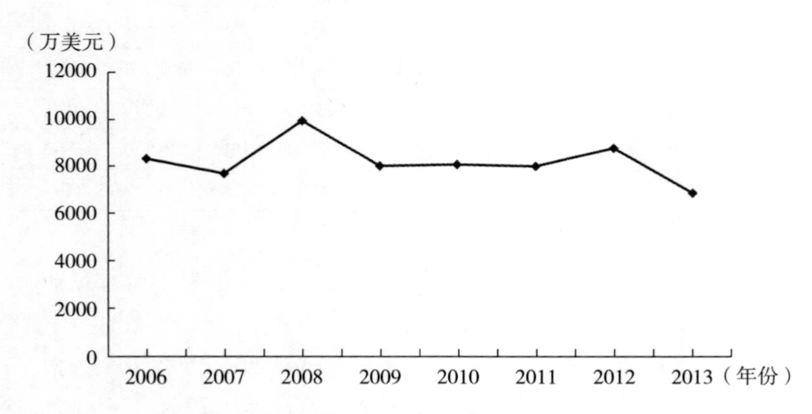

图 3-2　2006~2013 年发制品国有企业进出口总额

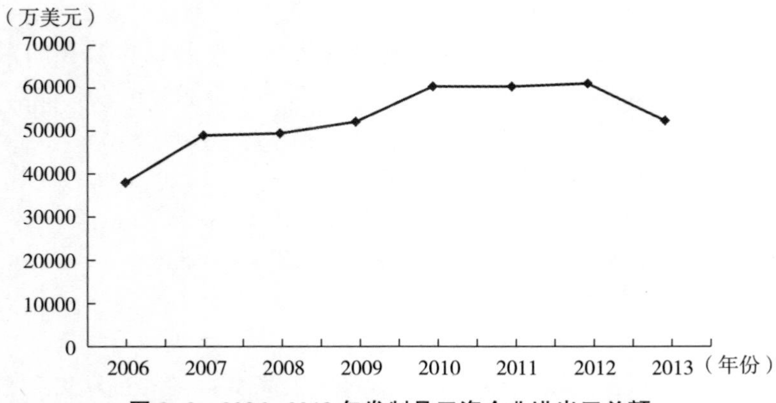

图 3-3　2006~2013 年发制品三资企业进出口总额

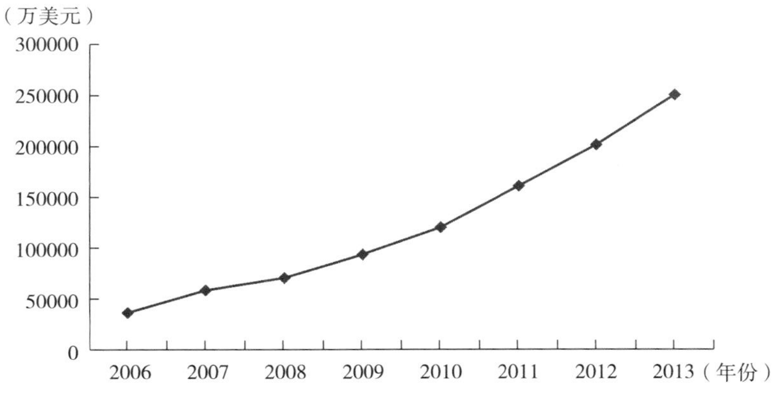

图 3-4 2006~2013 年发制品民营企业进出口总额

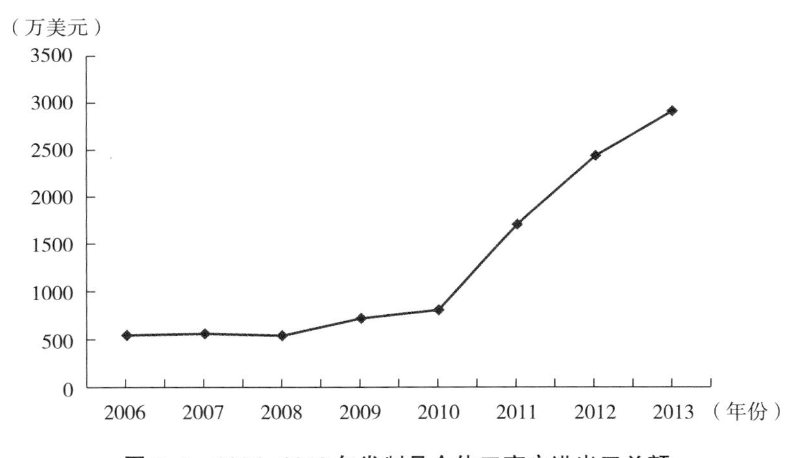

图 3-5 2006~2013 年发制品个体工商户进出口总额

从图 3-1~图 3-5 可以看出，民营企业与我国发制品发展的大趋势最为吻合，因此为了促进我国发制品行业的发展趋势，国家和政府应加大力度支持民营企业的发展。

3.5 本章小结

本章针对邓氏灰色关联度是点关联系数的算数平均，该关联度虽然可以体现关联性的整体态势，但却不能反映分辨结果之间的相互影响与抵消，无法体现序列之间的波动性，本章利用方差的概念，提出了一种新的邓氏关联度，改进的邓氏关联度能更好地反映数据的波动性，提高评价结果的准确性。最后，以我国发制品的企业构成为例，选择具有代表性的国有企业、三资企业、民营企业、个体工商户四种企业类型，2006~2013 年的进出口总额数据分析得出，民营企业与我国发制品发展的大趋势最为吻合，因此为了促进我国发制品行业的发展趋势，国家和政府应加大力度支持民营企业的发展。

4　三参数区间灰数信息下的多指标关联投影决策方法

4.1　引言

由于外界事物的复杂性和不确定性，人们面临着越来越多的决策难题，需要用多种方法来应对新的挑战。因此，不确定决策问题，一直是学者们研究的热点。现在人们正在研究决策信息为灰数的灰色决策理论。在灰色决策理论中，灰色关联度、灰色绝对关联度、灰色相对关联度和灰色综合关联度是十分重要的决策技术，但是，应用灰色绝对关联度、灰色相对关联度和灰色综合关联度处理三参数区间灰数信息下的决策问题尚不多见。为此，笔者把灰色区间相对关联决策方法拓展到处理三参数区间灰数信息下的决策问题，在此基础上结合投影法，提出了方案与理想最优方案的相对关联投影决策方法，方案与临界相对关联投影决策方法，变权线性综合关联投影决策方法，变权乘积综合关联投影决策方法，并对这六种决策方法给出了相应的算法，通过实例说明这六种方法的实用性和有效性。

4.2　三参数区间灰数下的相对关联决策方法

设方案集合为$A=\{a_1, a_2, \cdots, a_n\}$，属性因素集合$B=\{b_1, b_2, \cdots, b_m\}$，所以决策矩阵为$S=\{u_{ij}=(a_i, b_j) \mid a_i \in A, b_j \in B\}$，记$u_{ij}$($i$=1，2，…，$n$，$j$=1，2，…，$m$）为方案$a_i$在属性$b_j$下的属性值。该属性值并非一个精确数，而是一个三参数区间灰数，因此方案a_i在属性b_j下的属性值记为$u_{ij} \in [\underline{u}_{ij}, \tilde{u}_{ij},$

$\bar{u}_{ij}]$ $(0 \leqslant \underline{u}_{ij} \leqslant \tilde{u}_{ij} \leqslant \bar{u}_{ij}$, $i=1, 2, \cdots, n$; $j=1, 2, \cdots, m)$，故方案 a_i 的效果评价向量记为 $u_i=(u_{i1}(\otimes), u_{i2}(\otimes), \cdots, u_{im}(\otimes))$，$(i=1, 2, \cdots, n)$。

为了消除量纲和增加可比性，引入三参数区间灰数的灰色极差变换。

对于效益型目标

$$\underline{x}_{ij}=\frac{\underline{u}_{ij}-\underline{u}_j^{\nabla}}{\bar{u}_j^{*}-\underline{u}_j^{\nabla}},\quad \tilde{x}_{ij}=\frac{\tilde{u}_{ij}-\underline{u}_j^{\nabla}}{\bar{u}_j^{*}-\underline{u}_j^{\nabla}},\quad \bar{x}_{ij}=\frac{\bar{u}_{ij}-\underline{u}_j^{\nabla}}{\bar{u}_j^{*}-\underline{u}_j^{\nabla}} \tag{4.1}$$

对于成本型目标

$$\underline{x}_{ij}=\frac{\bar{u}_j^{*}-\bar{u}_{ij}}{\bar{u}_j^{*}-\underline{u}_j^{\nabla}},\quad \tilde{x}_{ij}=\frac{\bar{u}_j^{*}-\tilde{u}_{ij}}{\bar{u}_j^{*}-\underline{u}_j^{\nabla}},\quad \bar{x}_{ij}=\frac{\bar{u}_j^{*}-\underline{u}_{ij}}{\bar{u}_j^{*}-\underline{u}_j^{\nabla}} \tag{4.2}$$

对于固定型目标

$$\underline{x}_{ij}=\frac{\bar{u}_j^{*}-\underline{u}_j^{\nabla}}{\bar{u}_j^{*}-\underline{u}_j^{\nabla}+|\underline{u}_{i_0j_0}-\underline{u}_{ij}|},\tilde{x}_{ij}=\frac{\bar{u}_j^{*}-\underline{u}_j^{\nabla}}{\bar{u}_j^{*}-\underline{u}_j^{\nabla}+|\tilde{u}_{i_0j_0}-\tilde{u}_{ij}|},\bar{x}_{ij}=\frac{\bar{u}_j^{*}-\underline{u}_j^{\nabla}}{\bar{u}_j^{*}-\underline{u}_j^{\nabla}+|\bar{u}_{i_0j_0}-\bar{u}_{ij}|} \tag{4.3}$$

其中，$\bar{u}_j^{*}=\max\limits_{1\leqslant i\leqslant n}\{\bar{u}_{ij}\}$，$\underline{u}_j^{\nabla}=\min\limits_{1\leqslant i\leqslant n}\{\underline{u}_{ij}\}$，$u_{i_0j_0}^{*}=\{\underline{u}_{i_0j_0}, \tilde{u}_{i_0j_0}, \bar{u}_{i_0j_0}\}$ 为属性 b_j 目标下的指定效果适中值，$j=1, 2, \cdots, m$。设方案 a_i 规范化后的效果评价向量为

$$x_i=(x_{i1}(\otimes), x_{i2}(\otimes), \cdots, x_{im}(\otimes))$$

其中，$x_{ij}\in(\underline{x}_{ij}, \tilde{x}_{ij}, \bar{x}_{ij})$ 为 $[0, 1]$ 上的三参数区间灰数，表示方案 a_i 在属性 b_j 下的效果评价信息。因此，可得规范化的决策矩阵

$$X=\begin{bmatrix} x_{11} & x_{12} & \cdots & x_{1m} \\ x_{21} & x_{22} & \cdots & x_{2m} \\ \cdots & \cdots & \ddots & \cdots \\ x_{n1} & x_{n2} & \cdots & x_{nm} \end{bmatrix}$$

定义 4.1 设 $x_j^{+}(\otimes)=\max\{(\underline{x}_{ij}+\tilde{x}_{ij}+\bar{x}_{ij})/3 \mid 1\leqslant i\leqslant n\}$ $(j=1, 2, \cdots, m)$，其对应的效果值记为 $[\underline{x}_{ij}^{+}, \tilde{x}_{ij}^{+}, \bar{x}_{ij}^{+}]$，称

$$x^{+}(\otimes)=\{x_1^{+}(\otimes),\cdots,x_m^{+}(\otimes)\}=\{[\underline{x}_{i1}^{+},\tilde{x}_{i1}^{+},\bar{x}_{i1}^{+}],[\underline{x}_{i2}^{+},\tilde{x}_{i2}^{+},\bar{x}_{i2}^{+}],\cdots,[\underline{x}_{im}^{+},\tilde{x}_{im}^{+},\bar{x}_{im}^{+}]\} \tag{4.4}$$

为最优理想效果向量。

定义 4.2　设 $x_j^-(\otimes)=\min\{(\underline{x}_{ij}+\tilde{x}_{ij}+\bar{x}_{ij})/3 \mid 1\leqslant i\leqslant n\}(j=1, 2, \cdots, m)$，其对应的效果值记为 $[\underline{x}_{ij}^-, \tilde{x}_{ij}^-, \bar{x}_{ij}^-]$，称

$$x^-(\otimes)=\{x_1^-(\otimes),\cdots,x_m^-(\otimes)\}=\{[\underline{x}_{i1}^-,\tilde{x}_{i1}^-,\bar{x}_{i1}^-],[\underline{x}_{i2}^-,\tilde{x}_{i2}^-,\bar{x}_{i2}^-],\cdots,[\underline{x}_{im}^-,\tilde{x}_{im}^-,\bar{x}_{im}^-]\} \tag{4.5}$$

为临界方案效果评价向量。

4.2.1　理想相对关联决策方法

4.2.1.1　决策模型的构建

针对决策信息为三参数区间的情况，记

$\underline{M}_j^+=\max\limits_{1\leqslant i\leqslant n}\{\underline{x}_{ij}-\underline{x}_j^+\}$，$\tilde{M}_j^+=\max\limits_{1\leqslant i\leqslant n}\{\tilde{x}_{ij}-\tilde{x}_j^+\}$，$\bar{M}_j^+=\max\limits_{1\leqslant i\leqslant n}\{\bar{x}_{ij}-\bar{x}_j^+\}$，则称

$$r_{ij}^+=1-0.5\left(\partial_1\frac{\underline{x}_j^+-\underline{x}_{ij}}{\underline{M}_j^+}+\partial_2\frac{\tilde{x}_j^+-\tilde{x}_{ij}}{\tilde{M}_j^+}+\partial_3\frac{\bar{x}_j^+-\bar{x}_{ij}}{\bar{M}_j^+}\right) \tag{4.6}$$

为子因素 $x_{ij}(\otimes)$ 与理想母因素 $x_j^+(\otimes)$ 的灰色区间相对关联度系数，其中，$0\leqslant\partial_k\leqslant1$，$k=1, 2, 3$，$\partial_k$ 为决策偏好系数，$\sum\limits_{j=1}^{m}w_j^*=1$，$0\leqslant w_j^*\leqslant1$，$w_j^*$ 为评价值之间的加权向量称

$$G_i^+(x^+(\otimes), x_i(\otimes))=\sum_{j=1}^{m}w_j^*r_{ij}^+ \tag{4.7}$$

为方案 A_i 关于理想最优方案的三参数区间灰数相对关联度。

$G_i^+(x^+(\otimes), x_i(\otimes))$ 的大小反映了方案 A_i 与理想方案的关联程度，$G_i^+(x^+(\otimes), x_i(\otimes))$ 越大，说明方案 A_i 越优。

4.2.1.2　决策算法步骤

步骤 1　运用式（4.1）~式（4.3）对非负三参数区间灰数评价矩阵进行规范化处理，得到各方案规范化的效果评价矩阵 $X=(x_{ij})_{n\times m}$。

步骤 2　由式（4.4）求得最优理想效果向量。

步骤 3　运用式（4.6）算出灰色区间相对关联度系数。

步骤 4　由式（4.7）算出三参数区间灰数加权相对关联度。

步骤 5　根据三参数区间灰数加权相对关联度对决策对象进行排序并择优。

4.2.1.3 算例分析

设影响舰载机选型的主要参数有最大航速（u_1）、越海自由航程（u_2）、最大净载荷（u_3）、购置费（u_4）、可靠性（u_5）、机动灵活性（u_6）等6项，现有4种机型可供选择，因此因素集 $U=\{u_1, u_2, u_3, u_4, u_5, u_6\}$，备择集 $V=\{v_1, v_2, v_3, v_4\}$。

步骤1 规范化后的三参数区间灰数评价矩阵 $X(\otimes)=(x_{ij}(\otimes))_{4\times 6}=$

$$\begin{vmatrix} [0.78,0.8,0.85] & [0.5,0.55,0.58] & [0.9,0.95,0.95] & [0.8,0.82,0.85] & [0.45,0.5,0.57] & [0.9,0.95,0.97] \\ [0.92,0.95,1.0] & [0.95,0.97,1.0] & [0.85,0.86,0.88] & [0.65,0.69,0.71] & [0.17,0.2,0.23] & [0.47,0.51,0.55] \\ [0.7,0.72,0.78] & [0.72,0.74,0.75] & [0.95,0.98,1.0] & [0.94,0.97,1.0] & [0.8,0.83,0.85] & [0.8,0.82,0.85] \\ [0.85,0.88,0.9] & [0.65,0.67,0.7] & [0.9,0.95,0.96] & [0.85,0.9,0.93] & [0.46,0.5,0.52] & [0.48,0.5,0.52] \end{vmatrix}$$

步骤2 式（3.4）求得最优理想效果向量为

$x^+=[[0.92, 0.95, 1]\ [0.95, 0.97, 1]\ [0.95, 0.98, 1]\ [0.94, 0.97, 1]\ [0.8, 0.82, 0.85]\ [0.9, 0.95, 0.97]]$

步骤3 式（3.6）~（3.7）算出方案 A_i 与理想最优方案的相对关联度为

$$G_1^+=0.772015,\ G_2^+=0.648558,\ G_3^+=0.85038,\ G_4^+=0.711824$$

步骤4 方案排序如下

$$A_2 < A_4 < A_1 < A_3$$

则机型 A_3 为最优排序机型，决策结果与罗党（2009）中的结果一致。

4.2.2 临界相对关联决策方法

4.2.2.1 决策模型的构建

针对决策信息为三参数区间的情况，记

$$\underline{M}_j^-=\max_{1\leq i\leq n}\{\underline{x}_{ij}-\underline{x}_j^-\},\ \widetilde{M}_j^-=\max_{1\leq i\leq n}\{\widetilde{x}_{ij}-\widetilde{x}_j^-\},\ \overline{M}_j^-=\max_{1\leq i\leq n}\{\overline{x}_{ij}-\overline{x}_j^-\}$$

则称

$$r_{ij}^-=1-0.5\left(\partial_1\frac{\underline{x}_j^- - \underline{x}_{ij}}{\underline{M}_j^-}+\partial_2\frac{\widetilde{x}_j^- - \widetilde{x}_{ij}}{\widetilde{M}_j^-}+\partial_3\frac{\overline{x}_j^- - \overline{x}_{ij}}{\overline{M}_j^-}\right) \tag{4.8}$$

为子因素 $x_{ij}(\otimes)$ 与临界母因素 $x_j^-(\otimes)$ 的灰色区间相对关联系数，其中，$\sum_{k=1}^{3}\partial_k=1$，$0\leq\partial_k\leq 1$，$k=1, 2, 3$，$\partial_k$ 为决策偏好系数，$\sum_{j=1}^{m}w_j^*=1$，$0\leq w_j^*\leq 1$，w_j^* 为评价值之间的加权向量，称

$$G_i(x^-(\otimes),\ x_i(\otimes)) = \sum_{j=1}^{m} w_j^* r_{ij}^- \tag{4.9}$$

为方案 A_i 关于临界方案的三参数区间灰数相对关联度。

$G_i^-(x^-(\otimes),\ x_i(\otimes))$ 反映了各方案与临界方案的关联程度，$G_i^-(x^-(\otimes),\ x_i(\otimes))$ 越小，说明方案 A_i 越优。

4.2.2.2　决策算法步骤

步骤 1　运用式（4.1）~（4.3）对非负三参数区间灰数评价矩阵进行规范化处理，得到各方案规范化的效果评价矩阵 $X=(x_{ij})_{n\times m}$；

步骤 2　由式（4.5）求得临界方案效果评价向量。

步骤 3　运用式（4.8）算出灰色区间相对关联度系数。

步骤 4　由式（4.9）算出三参数区间灰数加权相对关联度。

步骤 5　根据三参数区间灰数加权相对关联度对决策对象进行排序并择优。

4.2.2.3　算例分析

设影响舰载机选型的主要参数有最大航速（u_1）、越海自由航程（u_2）、最大净载荷（u_3）、购置费（u_4）、可靠性（u_5）、机动灵活性（u_6）等 6 项，现有 4 种机型可供选择，因此因素集 $U=\{u_1,\ u_2,\ u_3,\ u_4,\ u_5,\ u_6\}$，备择集 $V=\{v_1,\ v_2,\ v_3,\ v_4\}$。

步骤 1　规范化后的三参数区间灰数评价矩阵 $X(\otimes)=(x_{ij}(\otimes))_{4\times 6}=$

$$\begin{vmatrix} [0.78,0.8,0.85] & [0.5,0.55,0.58] & [0.9,0.95,0.95] & [0.8,0.82,0.85] & [0.45,0.5,0.57] & [0.9,0.95,0.97] \\ [0.92,0.95,1.0] & [0.95,0.97,1.0] & [0.85,0.86,0.88] & [0.65,0.69,0.71] & [0.17,0.2,0.23] & [0.47,0.51,0.55] \\ [0.7,0.72,0.78] & [0.72,0.74,0.75] & [0.95,0.98,1.0] & [0.94,0.97,1.0] & [0.8,0.83,0.85] & [0.8,0.82,0.85] \\ [0.85,0.88,0.9] & [0.65,0.67,0.7] & [0.9,0.95,0.96] & [0.85,0.9,0.93] & [0.46,0.5,0.52] & [0.48,0.5,0.52] \end{vmatrix}$$

步骤 2　根据式（4.5）确定临界效果方案评价向量

$x^-=[[0.22,\ 0.23,\ 0.22]\ [0.45,\ 0.42,\ 0.42]\ [0.1,\ 0.12,\ 0.12]\ [0.29,\ 0.28,\ 0.29]\ [0.63,\ 0.63,\ 0.62]\ [0.43,\ 0.45,\ 0.45]]$

步骤 3　运用式（4.7）和式（4.8）算出三参数区间灰数加权相对关联数为

$$G_1^-=0.727985,\ G_2^-=0.851448,\ G_3^-=0.564608,\ G_4^-=0.788176$$

步骤 4　按照相对关联度的大小，对各方案进行排序，最大的为最优，

$$A_2 < A_4 < A_1 < A_3$$

根据方案排序，机型 A_3 为最优机型，决策结果与罗党（2009）中的结果一致。

4.3 三参数区间灰数信息下的相对关联投影决策方法

设方案集合为 $A=\{a_1, a_2, \cdots, a_n\}$，属性因素集合 $B=\{b_1, b_2, \cdots, b_m\}$，所以决策矩阵为 $S=\{u_{ij}=(a_i, b_j) \mid a_i\in A, b_j\in B\}$，$u_{ij}(i=1, 2, \cdots, n, j=1, 2, \cdots, m)$ 为方案 a_i 在属性 b_j 下的属性值。该属性值并非一个精确数，而是一个三参数区间灰数，因此方案 a_i 在属性 b_j 下的属性值记为 $u_{ij}\in[\underline{u}_{ij}, \tilde{u}_{ij}, \bar{u}_{ij}]$ $(0\leqslant\underline{u}_{ij}\leqslant\tilde{u}_{ij}\leqslant\bar{u}_{ij}, i=1, 2, \cdots, n; j=1, 2, \cdots, m)$，则方案 a_i 的效果评价向量记为 $u_i=(u_{i1}(\otimes), u_{i2}(\otimes), \cdots, u_{im}(\otimes))$。为了消除量纲和增加可比性，利用式（4.1）~式（4.3）对数据进行规范化处理，则得到规范化的决策矩阵 $X=(r_{ij})_{n\times m}$，其中 $x_{ij}\in(\underline{x}_{ij}, \tilde{x}_{ij}, \bar{x}_{ij})$ 为 $[0, 1]$ 上的三参数区间灰数，表示方案 a_i 在属性 b_j 下的效果评价信息。

4.3.1 理想相对关联投影决策方法

4.3.1.1 决策模型的构建

针对决策信息为三参数区间的情况，记各评价指标

$$r_j^+=\max\{r_{ij}^+ \mid i=1, 2, \cdots n\}=1 \quad (j=1, 2, \cdots, m) \tag{4.10}$$

称 r_j^+ 为标准效果指标值。

由标准效果指标值构成的方案，称为标准效果方案，记为 $A^{\triangle}$，设评价值之间的加权向量为 $W=(w_1, w_2, \cdots, w_m)$，$w_j\geqslant 0$，$j=1, 2, \cdots, m$ 为了说明关联投影决策方法的含义，假定加权向量 W 满足单位化约束条件

$$\sum_{j=1}^{m}(w_j)^2=1$$

构造加权标准效果向量

$$R_j^+=(r_1^+*w_1, r_2^+*w_2, \cdots, r_m^+*w_m)=(w_1, w_2, \cdots, w_m) \tag{4.11}$$

如果给出的加权向量 $W^*=(w_1^*, w_2^*, \cdots, w_m^*)$ 不能满足单位化约束条件而满足归一化约束条件，则可将其单位化而使其满足单位化约束条件，即令

$$w_j = w_j^* / \sqrt{\sum_{j=1}^{m} (w_j^*)^2} \quad (j = 1, 2, \cdots, m)$$

在加权向量 W 的作用下，构造增广型加权相对关联规范化决策矩阵

$$P^+ = \begin{bmatrix} w_1 r_{11}^+ & w_2 r_{12}^+ & \cdots & w_n r_{1m}^+ \\ w_1 r_{21}^+ & w_2 r_{22}^+ & \cdots & w_n r_{2m}^+ \\ \vdots & \vdots & \ddots & \vdots \\ w_1 r_{n1}^+ & w_2 r_{n2}^+ & \cdots & w_n r_{nm}^+ \\ w_1 & w_2 & \cdots & w_m \end{bmatrix} \tag{4.12}$$

其中，矩阵 P^+ 中的第 $n+1$ 行是标准效果方案 $A^{\triangle}$ 中的各指标相对关联系数，将每个决策方案看成一个行向量，则每个决策方案 A_i 与标准效果方案 $A^{\triangle}$ 之间均有一个夹角 θ_i^+，决策方案 A_i 与标准方案 $A^{\triangle}$ 之间的夹角余弦为

$$\cos\theta_i^+ = \frac{\sum_{j=1}^{m} w_j r_{ij}^+ \cdot w_j}{\sqrt{\sum_{j=1}^{m} (w_j r_{ij}^+)^2 \cdot \sqrt{\sum_{j=1}^{m} (w_j)^2}}} \quad (i = 1, 2, \cdots, n) \tag{4.13}$$

当 $0 \leqslant \cos\theta_i^+ \leqslant 1$ 时，$\cos\theta_i^+$ 越大表示该方案 A_i 与标准效果方案 $A^{\triangle}$ 之间的变动方向相同。但是夹角余弦只能反映方案 A_i 与标准效果方案 $A^{\triangle}$ 之间的变动方向是否一致，却不能确定变动的大小，因此构造决策方案 A_i 的模为

$$d_i^+ = \sqrt{\sum_{j=1}^{m} (w_j r_{ij}^+)^2} \quad (i = 1, 2, \cdots, n) \tag{4.14}$$

而决策方案 A_i 的模只反映变动的大小，因此，把余弦和模的大小在一起，即构造出决策方案 A_i 在标准效果方案 $A^{\triangle}$ 上的投影。

由于标准效果方案 $A^{\triangle}$ 在它自身上的投影为

$$D^* = \sqrt{\sum_{j=1}^{m} w_j^2} = 1$$

故可充分利用加权向量 W 满足单位化约束的条件，由式（3.12）和式（3.13）构造方案 A_i 在标准效果方案 $A^{\triangle}$ 的投影。即

$$D_i^+ = d_i^+ . \cos\theta_i^+ = \sum_{j=1}^{m} r_{ij}^+ \left[(w_j)^2 / \sqrt{\sum_{j=1}^{m} (w_j)^2} \right] \tag{4.15}$$

投影 D_i^+ 全面反映了各决策方案与标准效果方案之间的贴近程度。

D_i^+ 越大表明决策方案 A_i 越优。

4.3.1.2　*决策算法步骤*

步骤 1　运用式（4.1）～（4.3）对非负三参数区间灰数评价矩阵进行规

范化处理，得到各方案规范化的效果评价矩阵 $X=(r_{ij})_{n\times m}$。

步骤2　根据式（4.4）确定最优效果方案评价向量 $x^+(\otimes)$。

步骤3　依据式（4.10）确定标准效果指标值 r_j^+，再由式（4.11）确定加权标准效果向量 R_j^+。

步骤4　由式（4.12）构造增广型加权最优相对关联规范化决策矩阵 P^+。

步骤5　运用式（4.15）找出决策方案与理想方案的相对关联投影为 D_i^+。

步骤6　选出投影 D_i^+ 值中最大者，即为最优。

4.3.1.3　算例分析

设影响舰载机选型的主要参数有最大航速（u_1）、越海自由航程（u_2）、最大净载荷（u_3）、购置费（u_4）、可靠性（u_5）、机动灵活性（u_6）等6项，现有4种机型可供选择，因此因素集 $U=\{u_1, u_2, u_3, u_4, u_5, u_6\}$，备择集 $V=\{v_1, v_2, v_3, v_4\}$。

步骤1　规范化后的三参数区间灰数评价矩阵 $X(\otimes)=(x_{ij}(\otimes))_{4\times 6}=$

$$\begin{vmatrix} [0.78,0.8,0.85] & [0.5,0.55,0.58] & [0.9,0.95,0.95] & [0.8,0.82,0.85] & [0.45,0.5,0.57] & [0.9,0.95,0.97] \\ [0.92,0.95,1.0] & [0.95,0.97,1.0] & [0.85,0.86,0.88] & [0.65,0.69,0.71] & [0.17,0.2,0.23] & [0.47,0.51,0.55] \\ [0.7,0.72,0.78] & [0.72,0.74,0.75] & [0.95,0.98,1.0] & [0.94,0.97,1.0] & [0.8,0.83,0.85] & [0.8,0.82,0.85] \\ [0.85,0.88,0.9] & [0.65,0.67,0.7] & [0.9,0.95,0.96] & [0.85,0.9,0.93] & [0.46,0.5,0.52] & [0.48,0.5,0.52] \end{vmatrix}$$

步骤2　运用式（4.4）得出理想最优方案效果评价向量为

$x^+=[[0.92, 0.95, 1]\ [0.95, 0.97, 1]\ [0.95, 0.98, 1]\ [0.94, 0.97, 1]\ [0.8, 0.82, 0.85]\ [0.9, 0.95, 0.97]]$

步骤3　依据式（4.10）确定标准效果指标值

$$r_j^+=\max\{r_{ij}^+ \mid i=1, 2, \cdots, 6\}=1$$

再由式（4.11）确定加权标准效果向量

$R_j^+=(w_1, w_2, \cdots, w_m)=(0.17, 0.12, 0.13, 0.13, 0.21, 0.24)$

步骤4　由式（4.12）得增广型加权最优决策矩阵

$$P^+=\begin{bmatrix} 0.114172 & 0.06 & 0.104715 & 0.09672 & 0.156408 & 0.24 \\ 0.17 & 0.12 & 0.065 & 0.065 & 0.105 & 0.123552 \\ 0.085 & 0.086916 & 0.13 & 0.13 & 0.21 & 0.208464 \\ 0.139485 & 0.078096 & 0.106535 & 0.112632 & 0.15414 & 0.120936 \\ 0.17 & 0.12 & 0.13 & 0.13 & 0.21 & 0.24 \end{bmatrix}$$

步骤5　运用式（4.15）算出方案 A_i 与理想方案的相对关联投影为

$D_1^+ = 0.801127$，$D_2^+ = 0.625853$，$D_3^+ = 0.854649$，$D_4^+ = 0.68775$。

步骤 6　根据 D_i^+ 的大小对方案进行排序，

$$A_2 < A_4 < A_1 < A_3$$

则机型 A_3 为最优机型，决策结果与罗党（2009）中的结果一致。

4.3.2　临界相对关联投影决策方法

4.3.2.1　决策模型的构建

针对决策信息为三参数区间的情况，记各评价指标

$$r_j^- = \min\{r_{ij}^- \mid i = 1, 2, \cdots n\} = 1 \quad (j = 1, 2, \cdots, m) \tag{4.16}$$

称 r_j^- 为次标准效果指标值。

由次标准效果评价值构成的方案，称为次标准效果方案 A^{∇}。评价值之间的加权向量 $W = (w_1, w_2, \cdots, w_m)$ 如式（3.5）所述，构造加权标准效果向量

$$R_j^- = (r_1^- * w_1, r_2^- * w_2, \cdots, r_m^- * w_m) = (w_1, w_2, \cdots, w_m) \tag{4.17}$$

在加权向量 W 的作用下，构造次增广型加权相对关联规范化决策矩阵

$$P^- = \begin{bmatrix} w_1 r_{11}^- & w_2 r_{12}^- & \cdots & w_n r_{1m}^- \\ w_1 r_{21}^- & w_2 r_{22}^- & \cdots & w_n r_{2m}^- \\ \vdots & \vdots & \ddots & \vdots \\ w_1 r_{n1}^- & w_2 r_{n2}^- & \cdots & w_n r_{nm}^- \\ w_1 & w_2 & \cdots & w_m \end{bmatrix} \tag{4.18}$$

其中，矩阵 P^- 中的第 $n+1$ 行是次标准效果方案 A^{∇} 中的各指标相对关联系数，将每个决策方案看成一个行向量，则每个决策方案 A_i 与次标准效果方案 A^{∇} 之间均有一个夹角 θ_i^-，决策方案 A_i 与次标准方案 A^{∇} 之间的夹角余弦为

$$\cos\theta_i^- = \frac{\sum_{j=1}^{m} w_j r_{ij}^- \cdot w_j}{\sqrt{\sum_{j=1}^{m} (w_j r_{ij}^-)^2} \cdot \sqrt{\sum_{j=1}^{m} (w_j)^2}} \quad (i = 1, 2, \cdots, n) \tag{4.19}$$

当 $0 \leqslant \cos\theta_i^- \leqslant 1$ 时，$\cos\theta_i^-$ 越大表示该方案 A_i 与次标准效果方案 A^{∇} 之间的变动方向相反。构造决策方案 A_i 的模为

$$d_i^- = \sqrt{\sum_{j=1}^{m} (w_j r_{ij}^-)^2} \quad (i = 1, 2, \cdots, n) \tag{4.20}$$

结合式（3.18）和式（3.19），构造决策方案 A_i 在次标准效果方案 A^{∇} 上的投

影为

$$D_i^- = d_i^- . \cos\theta_i^- = \sum_{j=1}^{m} r_{ij}^- \left[(w_j)^2 / \sqrt{\sum_{j=1}^{m} (w_j)^2} \right] \tag{4.21}$$

投影 D_i^- 全面反映了各决策方案与次标准效果方案之间的偏离程度。

D_i^- 越小表明，决策方案 A_i 与次标准效果方案的关联程度越强。即最小者为最优。

4.3.2.2　决策算法步骤

步骤1　运用式（4.1）~（4.3）对非负三参数区间灰数评价矩阵进行规范化处理，得到各方案规范化的效果评价矩阵 $X = (r_{ij})_{n\times m}$。

步骤2　根据式（4.5）确定临界效果方案评价向量 $x^-(\otimes)$。

步骤3　依据式（4.16）确定次标准效果指标值 r_j^-，再由式（4.17）确定加权次标准效果向量 R_j^-。

步骤4　由式（4.18）构造增广型加权临界相对关联规范化决策矩阵 P^-。

步骤5　运用式（4.21）找出决策方案与临界方案的相对关联投影为 D_i^-。

步骤6　选出投影 D_i^- 值中最小的，即为最优。

4.3.2.3　算例分析

设影响舰载机选型的主要参数有最大航速（u_1）、越海自由航程（u_2）、最大净载荷（u_3）、购置费（u_4）、可靠性（u_5）、机动灵活性（u_6）等6项，现有4种机型可供选择，因此因素集 $U = \{u_1, u_2, u_3, u_4, u_5, u_6\}$，备择集 $V = \{v_1, v_2, v_3, v_4\}$。

步骤1　规范化后的三参数区间灰数评价矩阵 $X(\otimes) = (x_{ij}(\otimes))_{4\times 6} =$

$$\begin{vmatrix} [0.78,0.8,0.85] & [0.5,0.55,0.58] & [0.9,0.95,0.95] & [0.8,0.82,0.85] & [0.45,0.5,0.57] & [0.9,0.95,0.97] \\ [0.92,0.95,1.0] & [0.95,0.97,1.0] & [0.85,0.86,0.88] & [0.65,0.69,0.71] & [0.17,0.2,0.23] & [0.47,0.51,0.55] \\ [0.7,0.72,0.78] & [0.72,0.74,0.75] & [0.95,0.98,1.0] & [0.94,0.97,1.0] & [0.8,0.83,0.85] & [0.8,0.82,0.85] \\ [0.85,0.88,0.9] & [0.65,0.67,0.7] & [0.9,0.95,0.96] & [0.85,0.9,0.93] & [0.46,0.5,0.52] & [0.48,0.5,0.52] \end{vmatrix}$$

步骤2　运用式（4.5）得出临界方案效果评价向量为

$x^- = [[0.22, 0.23, 0.22]\ [0.45, 0.42, 0.42]\ [0.1, 0.12, 0.12]\ [0.29, 0.28, 0.29]\ [0.63, 0.63, 0.62]\ [0.43, 0.45, 0.45]]$

步骤3　依据式（4.16）确定次标准效果指标值，再由式（4.17）确定加权次标准效果向量

$R_j^- = (w_1, w_2, \cdots, w_m) = (0.17, 0.12, 0.13, 0.13, 0.21, 0.24)$

步骤4　由式（4.18）得增广型加权临界决策矩阵

$$P^- = \begin{bmatrix} 0.140828 & 0.12 & 0.090285 & 0.09828 & 1.58592 & 0.12 \\ 0.085 & 0.06 & 0.13 & 0.13 & 0.21 & 0.236448 \\ 0.085 & 0.093072 & 0.065 & 0.065 & 0.105 & 0.151536 \\ 0.115515 & 0.101904 & 0.088465 & 0.082368 & 0.16086 & 0.239064 \\ 0.17 & 0.12 & 0.13 & 0.13 & 0.21 & 0.24 \end{bmatrix}$$

步骤5　运用式（4.21）算出方案 A_i 与临界方案的相对关联投影为

$$D_1^- = 0.698873,\ D_2^- = 0.874147,\ D_3^- = 0.564526,\ D_4^- = 0.81225$$

步骤6　根据 D_i^- 的大小对方案进行排序，

$$A_2 < A_4 < A_1 < A_3$$

则机型 A_3 为最优机型，决策结果与罗党（2009）中的结果一致。

4.4　三参数区间灰数信息下的综合关联投影决策方法

设方案集合为 $A = \{a_1, a_2, \cdots, a_n\}$，属性因素集合 $B = \{b_1, b_2, \cdots, b_m\}$，所以决策矩阵为 $S = \{u_{ij} = (a_i, b_j) \mid a_i \in A, b_j \in B\}$，$u_{ij}(i = 1, 2, \cdots, n, j = 1, 2, \cdots, m)$ 为方案 a_i 在属性 b_j 下的属性值。该属性值并非一个精确数，而是一个三参数区间灰数，因此方案 a_i 在属性 b_j 下的属性值记为 $u_{ij} \in [\underline{u}_{ij}, \tilde{u}_{ij}, \bar{u}_{ij}]\ (0 \leqslant \underline{u}_{ij} \leqslant \tilde{u}_{ij} \leqslant \bar{u}_{ij}, i = 1, 2, \cdots, n; j = 1, 2, \cdots, m)$，则方案 a_i 的效果评价向量记为 $u_i = (u_{i1}(\otimes), u_{i2}(\otimes), \cdots, u_{im}(\otimes))$。为了消除量纲和增加可比性，利用式（4.1）~（4.3）对数据进行规范化处理，则得到规范化的决策矩阵 $X = (r_{ij})_{n\times m}$，其中 $x_{ij} \in (\underline{x}_{ij}, \tilde{x}_{ij}, \bar{x}_{ij})$ 为 $[0, 1]$ 上的三参数区间灰数，表示方案 a_i 在属性 b_j 下的效果评价信息。

4.4.1　线性综合关联投影决策方法

4.4.1.1　决策模型的构建

针对决策信息为三参数区间的情况，如第4.3节所述，记方案 A_i 在标准效果方案 $A^\triangle$ 的投影 D_i^+，决策方案 A_i 在次标准效果方案 A^∇ 上的投影为 D_i^-。

设两类灰色关联投影的权重分别为 ∂，$1 - \partial$。则称

$$H_i(D_i^+(\otimes), D_i^-(\otimes)) = \partial D_i^+(\otimes) + (1-\partial) D_i^-(\otimes), \ (i=1, 2, \cdots, n) \tag{4.22}$$

为效果评价向量 D_i 的灰色线性综合关联投影，显然综合关联投影越大，方案 A_i 越优。

4.4.1.2 决策算法步骤

步骤 1 运用式（4.1）～（4.3）对非负三参数区间灰数评价矩阵进行规范化处理，得到各方案规范化的效果评价矩阵 $X=(r_{ij})_{n\times m}$。

步骤 2 首先运用式（4.4）得出理想最优方案效果评价向量为 $x^+(\otimes)$，用式（4.5）确定临界方案效果评价向量 $x^-(\otimes)$。

步骤 3 由式（4.12）构造增广型加权最优相对关联规范化决策矩阵 P^+。

步骤 4 运用式（4.15）找出决策方案与理想方案的相对关联投影为 D_i^+。

步骤 5 由式（4.18）构造增广型加权临界相对关联规范化决策矩阵 P^-。

步骤 6 运用式（4.21）找出决策方案与临界方案的相对关联投影为 D_i^-。

步骤 7 运用效果评价向量 D_i 的灰色线性综合关联投影的式（4.22），得到综合关联投影 $H_i(D_i^+(\otimes), D_i^-(\otimes))$。

步骤 8 根据综合关联投影的大小对方案进行排序，综合关联投影越大，方案 A_i 越优。

4.4.1.3 算例分析

设影响舰载机选型的主要参数有最大航速（u_1）、越海自由航程（u_2）、最大净载荷（u_3）、购置费（u_4）、可靠性（u_5）、机动灵活性（u_6）等6项，现有4种机型可供选择，因此因素集 $U=\{u_1, u_2, u_3, u_4, u_5, u_6\}$，备择集 $V=\{v_1, v_2, v_3, v_4\}$。

步骤 1 规范化后的三参数区间灰数评价矩阵 $X(\otimes)=(x_{ij}(\otimes))_{4\times 6}=$

$$\begin{vmatrix} [0.78,0.8,0.85] & [0.5,0.55,0.58] & [0.9,0.95,0.95] & [0.8,0.82,0.85] & [0.45,0.5,0.57] & [0.9,0.95,0.97] \\ [0.92,0.95,1.0] & [0.95,0.97,1.0] & [0.85,0.86,0.88] & [0.65,0.69,0.71] & [0.17,0.2,0.23] & [0.47,0.51,0.55] \\ [0.7,0.72,0.78] & [0.72,0.74,0.75] & [0.95,0.98,1.0] & [0.94,0.97,1.0] & [0.8,0.83,0.85] & [0.8,0.82,0.85] \\ [0.85,0.88,0.9] & [0.65,0.67,0.7] & [0.9,0.95,0.96] & [0.85,0.9,0.93] & [0.46,0.5,0.52] & [0.48,0.5,0.52] \end{vmatrix}$$

步骤 2 运用式（4.4）得出理想最优方案效果评价向量，运用式（4.5）得出临界方案效果评价向量为

$x^+=[[0.92, 0.95, 1]\ [0.95, 0.97, 1]\ [0.95, 0.98, 1]\ [0.94, 0.97, 1]\ [0.8, 0.82, 0.85]\ [0.9, 0.95, 0.97]]$

$x^-=[[0.22, 0.23, 0.22]\ [0.45, 0.42, 0.42]\ [0.1, 0.12, 0.12]\ [0.29, 0.28, 0.29]\ [0.63, 0.63, 0.62]\ [0.43, 0.45, 0.45]]$

步骤 3　由式（4.12）构造增广型加权最优相对关联规范化决策矩阵 P^+。

$$P^+ = \begin{bmatrix} 0.114172 & 0.06 & 0.104715 & 0.09672 & 0.156408 & 0.24 \\ 0.17 & 0.12 & 0.065 & 0.065 & 0.105 & 0.123552 \\ 0.085 & 0.086916 & 0.13 & 0.13 & 0.21 & 0.208464 \\ 0.139485 & 0.078096 & 0.106535 & 0.112632 & 0.15414 & 0.120936 \\ 0.17 & 0.12 & 0.13 & 0.13 & 0.21 & 0.24 \end{bmatrix}$$

步骤 4　运用式（4.15）找出决策方案与理想方案的相对关联投影为

$D_1^+ = 0.801127$，$D_2^+ = 0.625853$，$D_3^+ = 0.854649$，$D_4^+ = 0.68775$

步骤 5　由式（4.18）构造增广型加权临界相对关联规范化决策矩阵 P^-

$$P^- = \begin{bmatrix} 0.140828 & 0.12 & 0.090285 & 0.09828 & 1.58592 & 0.12 \\ 0.085 & 0.06 & 0.13 & 0.13 & 0.21 & 0.236448 \\ 0.085 & 0.093072 & 0.065 & 0.065 & 0.105 & 0.151536 \\ 0.115515 & 0.101904 & 0.088465 & 0.082368 & 0.16086 & 0.239064 \\ 0.17 & 0.12 & 0.13 & 0.13 & 0.21 & 0.24 \end{bmatrix}$$

步骤 6　运用式（4.21）找出决策方案与临界方案的相对关联投影为

$D_1^- = 0.698873$，$D_2^- = 0.874147$，$D_3^- = 0.564526$，$D_4^- = 0.81225$

步骤 7　运用效果评价向量 D_i 的灰色线性综合关联投影的式（4.22），得综合关联投影

$H_1 = 0.551127$，$H_2 = 0.375853$，$H_3 = 0.645062$，$H_4 = 0.43775$

步骤 8　根据方案排序，

$$A_2 < A_4 < A_1 < A_3$$

则机型 A_3 为最优机型，决策结果与罗党（2009）中的结果一致。

4.4.2　乘积综合关联投影决策方法

4.4.2.1　决策模型的构建

针对决策信息为三参数区间的情况，如第 4.3 节所述，设方案 A_i 在标准效果方案 $A^{\triangle}$ 的投影 D_i^+，决策方案 A_i 在次标准效果方案 A^{∇} 上的投影为 D_i^-。

设两类灰色关联投影的权重分别为 ∂，$1-\partial$。则称

$$Q_i(D_i^+(\otimes), D_i^-(\otimes)) = [D_i^+(\otimes)]^{\partial} \cdot [D_i^-(\otimes)]^{(1-\partial)}, \quad 0 \leqslant \partial \leqslant 1. \tag{4.23}$$

为效果评价向量 D_i 的灰色乘积综合关联投影，显然乘积综合关联投影越大，方

案 A_i 越优。

4.4.2.2 决策算法步骤

步骤 1 运用式（4.1）~（4.3）对非负三参数区间灰数评价矩阵进行规范化处理，得到各方案规范化的效果评价矩阵 $X = (r_{ij})_{n\times m}$；

步骤 2 首先运用式（4.4）得出理想最优方案效果评价向量为 $x^+(\otimes)$，用式（4.5）确定临界效果方案评价向量 $x^-(\otimes)$。

步骤 3 由式（4.12）构造增广型加权最优相对关联规范化决策矩阵 P^+。

步骤 4 运用式（4.15）找出决策方案与理想方案的相对关联投影为 D_i^+。

步骤 5 由式（4.18）构造增广型加权临界相对关联规范化决策矩阵 P^-。

步骤 6 运用式（4.21）找出决策方案与临界方案的相对关联投影为 D_i^-。

步骤 7 运用效果评价向量 D_i 的灰色综合乘积关联投影的式（4.23），得综合乘积关联投影 $Q_i(D_i^+(\otimes), D_i^-(\otimes))$。

步骤 8 根据乘积关联投影的大小对方案进行排序，综合关联投影越大，方案 A_i 越优。

4.4.2.3 算例分析

设影响舰载机选型的主要参数有最大航速（u_1）、越海自由航程（u_2）、最大净载荷（u_3）、购置费（u_4）、可靠性（u_5）、机动灵活性（u_6）等 6 项，现有 4 种机型可供选择，因此因素集 $U = \{u_1, u_2, u_3, u_4, u_5, u_6\}$，备择集 $V = \{v_1, v_2, v_3, v_4\}$。

步骤 1 规范化后的三参数区间灰数评价矩阵 $X(\otimes) = (x_{ij}(\otimes))_{4\times 6} =$

$$\begin{vmatrix} [0.78,0.8,0.85] & [0.5,0.55,0.58] & [0.9,0.95,0.95] & [0.8,0.82,0.85] & [0.45,0.5,0.57] & [0.9,0.95,0.97] \\ [0.92,0.95,1.0] & [0.95,0.97,1.0] & [0.85,0.86,0.88] & [0.65,0.69,0.71] & [0.17,0.2,0.23] & [0.47,0.51,0.55] \\ [0.7,0.72,0.78] & [0.72,0.74,0.75] & [0.95,0.98,1.0] & [0.94,0.97,1.0] & [0.8,0.83,0.85] & [0.8,0.82,0.85] \\ [0.85,0.88,0.9] & [0.65,0.67,0.7] & [0.9,0.95,0.96] & [0.85,0.9,0.93] & [0.46,0.5,0.52] & [0.48,0.5,0.52] \end{vmatrix}$$

步骤 2 运用式（4.4）得出理想最优方案效果评价向量，运用式（4.5）得出临界方案效果评价向量为

$$x^+ = [[0.92, 0.95, 1]\ [0.95, 0.97, 1]\ [0.95, 0.98, 1]\ [0.94, 0.97, 1]\ [0.8, 0.82, 0.85]\ [0.9, 0.95, 0.97]]$$

$$x^- = [[0.22, 0.23, 0.22]\ [0.45, 0.42, 0.42]\ [0.1, 0.12, 0.12]\ [0.29, 0.28, 0.29]\ [0.63, 0.63, 0.62]\ [0.43, 0.45, 0.45]]$$

步骤 3 由式（4.12）构造增广型加权最优相对关联规范化决策矩阵 P^+。

$$P^{+}=\begin{bmatrix}0.114172 & 0.06 & 0.104715 & 0.09672 & 0.156408 & 0.24\\ 0.17 & 0.12 & 0.065 & 0.065 & 0.105 & 0.123552\\ 0.085 & 0.086916 & 0.13 & 0.13 & 0.21 & 0.208464\\ 0.139485 & 0.078096 & 0.106535 & 0.112632 & 0.15414 & 0.120936\\ 0.17 & 0.12 & 0.13 & 0.13 & 0.21 & 0.24\end{bmatrix}$$

步骤 4　运用式（4.15）找出决策方案与理想方案的相对关联投影

$$D_1^{+}=0.801127,\ D_2^{+}=0.625853,\ D_3^{+}=0.854649,\ D_4^{+}=0.68775$$

步骤 5　由式（4.18）构造增广型加权临界相对关联规范化决策矩阵 P^{-}。

$$P^{-}=\begin{bmatrix}0.140828 & 0.12 & 0.090285 & 0.09828 & 1.58592 & 0.12\\ 0.085 & 0.06 & 0.13 & 0.13 & 0.21 & 0.236448\\ 0.085 & 0.093072 & 0.065 & 0.065 & 0.105 & 0.151536\\ 0.115515 & 0.101904 & 0.088465 & 0.082368 & 0.16086 & 0.239064\\ 0.17 & 0.12 & 0.13 & 0.13 & 0.21 & 0.24\end{bmatrix}$$

步骤 6　运用式（4.21）找出决策方案与临界方案的相对关联投影为

$$D_1^{-}=0.698873,\ D_2^{-}=0.874147,\ D_3^{-}=0.564526,\ D_4^{-}=0.81225$$

步骤 7　运用效果评价向量 D_i 的灰色线性综合关联投影的式（4.23），算出线性乘积综合关联投影分别为

$$Q_1=0.491163,\ Q_2=0.280652,\ Q_3=0.610063,\ Q_4=0.35934$$

步骤 8　根据方案排序，

$$A_2 < A_4 < A_1 < A_3$$

则机型 A_3 为最优机型，决策结果与罗党（2009）中的结果一致。

4.5　本章小结

根据信息采集，两参数区间的不足和三参数区间灰数决策研究的局限性，笔者参照区间灰数相对关联决策方法，提出把灰色区间相对关联决策方法，拓展为三参数区间灰数信息下的相对关联决策方法：选取最优方案效果评价向量作为各方案效果评价向量的参考向量，构造了三参数区间灰数信息下的理想相对关联决策方法；选取临界方案效果评价向量作为各方案效果评价向量的参考向量，构造了三参数区间灰数信息下的临界相对关联决策方法。又结合三参数

区间灰数的相对关联决策方法的特点和投影法的优点，构造了三参数区间灰数信息下的理想相对关联投影决策方法、三参数区间灰数信息下的临界相对关联投影决策方法、三参数区间灰数信息下的线性综合关联投影决策方法、三参数区间灰数信息下的乘积综合关联投影决策方法，四种相对关联投影组合优化模型。所建模型简单有效，易于操作，具有一定的一致性和拓展性，此方法为解决三参数区间灰数的决策问题提供了一种新的途径。

5　三参数区间灰数信息下的灰色凸凹关联决策方法

5.1　引言

人们对决策信息为实数、区间数或区间灰数的关联决策问题进行了研究，并取得重要成果。本书的研究对象为灰色关联决策的某一问题。灰色关联决策是灰色系统理论的重要组成部分，在不确定性决策问题的研究中具有重要的理论意义和应用价值。针对决策信息为三参数区间灰数的决策问题进行了研究，提出了灰色凸凹关联决策分析方法。首先构造了灰色最优凸凹关联决策方法、灰色临界凸凹关联决策方法；其次根据各行为数据序列受权重影响的不同，分别构造了灰色加权最优凸凹关联决策方法、灰色加权临界凸凹关联决策方法；最后综合灰色加权最优凸凹关联度和灰色加权临界凸凹关联度，构造了灰色变权线性综合凸凹关联决策方法、灰色变权乘积综合凸凹关联决策方法，并给出相应的算法。通过实例说明了决策方法的实用性和有效性。

5.2　三参数区间灰数信息下的凸凹关联决策方法

设方案集合为 $A = \{a_1, a_2, \cdots, a_n\}$，属性因素集合 $B = \{b_1, b_2, \cdots, b_m\}$，所以决策矩阵为 $S = \{u_{ij} = (a_i, b_j) \mid a_i \in A, b_j \in B\}$，$u_{ij}(i=1, 2, \cdots, n, j=1, 2, \cdots, m)$ 为方案 a_i 在属性 b_j 下的属性值。该属性值并非一个精确数，而是一个三参数区间灰数，因此方案 a_i 在属性 b_j 下的属性值记为 $u_{ij} \in [\underline{u}_{ij}, \tilde{u}_{ij}, \bar{u}_{ij}]$ $(0 \leqslant \underline{u}_{ij} \leqslant \tilde{u}_{ij} \leqslant \bar{u}_{ij}, i = 1, 2, \cdots, n; j = 1, 2, \cdots, m)$，

则方案 a_i 的效果评价向量记为 $u_i=(u_{i1}(\otimes), u_{i2}(\otimes), \cdots, u_{im}(\otimes))$。为了消除量纲和增加可比性，利用式（4.1）~（4.3）对数据进行规范化处理，则得到规范化的决策矩阵 $X=(r_{ij})_{n\times m}$，其中 $x_{ij}\in(\underline{x}_{ij}, \tilde{x}_{ij}, \bar{x}_{ij})$ 为 $[0, 1]$ 上的三参数区间灰数，表示方案 a_i 在属性 b_j 下的效果评价信息。

定义 5.1 设 $\underline{x}_{0j}^{+}=\max\limits_{1\leqslant i\leqslant n}\{\underline{x}_{ij}\}$，$\tilde{x}_{0j}^{+}=\max\limits_{1\leqslant i\leqslant n}\{\tilde{x}_{ij}\}$，$\bar{x}_{0j}^{+}=\max\limits_{1\leqslant i\leqslant n}\{\bar{x}_{ij}\}$，其对应的效果值记为 $[\underline{x}_{0j}^{+}, \tilde{x}_{0j}^{+}, \bar{x}_{0j}^{+}]$，称

$$x_0^{+}(\otimes)=\{x_{01}^{+}(\otimes), \cdots, x_{0m}^{+}(\otimes)\} \tag{5.1}$$

为凸凹关联最优方案效果评价向量。

定义 5.2 设 $\underline{x}_{0j}^{-}=\min\limits_{1\leqslant i\leqslant n}\{\underline{x}_{ij}\}$，$\tilde{x}_{0j}^{-}=\min\limits_{1\leqslant i\leqslant n}\{\tilde{x}_{ij}\}$，$\bar{x}_{0j}^{-}=\min\limits_{1\leqslant i\leqslant n}\{\bar{x}_{ij}\}$，其对应的效果值记为 $[\underline{x}_{0j}^{-}, \tilde{x}_{0j}^{-}, \bar{x}_{0j}^{-}]$，称

$$x_0^{-}(\otimes)=\{x_{01}^{-}(\otimes), \cdots, x_{0m}^{-}(\otimes)\} \tag{5.2}$$

为凸凹关联临界方案效果评价向量。

5.2.1 灰色最优凸凹关联决策方法

5.2.1.1 决策模型的构建

定义 5.3 方案 a_i 规范化后的效果评价向量为

$$x_i=(x_{i1}(\otimes), x_{i2}(\otimes), \cdots, x_{im}(\otimes))$$

凸凹关联最优方案效果评价向量 $x_0^{+}(\otimes)$ 如式（4.1）所示，则分别称

$$\underline{x}_i^{+}=1+\left|\frac{\underline{x}_0^{+}(k+2)+\underline{x}_0^{+}(k)}{\underline{x}_0^{+}(k+1)}-\frac{\underline{x}_i(k+2)+\underline{x}_i(k)}{\underline{x}_i(k+1)}\right| \tag{5.3}$$

$$\tilde{x}_i^{+}=1+\left|\frac{\tilde{x}_0^{+}(k+2)+\tilde{x}_0^{+}(k)}{\tilde{x}_0^{+}(k+1)}-\frac{\tilde{x}_i(k+2)+\tilde{x}_i(k)}{\tilde{x}_i(k+1)}\right| \tag{5.4}$$

$$\bar{x}_i^{+}=1+\left|\frac{\bar{x}_0^{+}(k+2)+\bar{x}_0^{+}(k)}{\bar{x}_0^{+}(k+1)}-\frac{\bar{x}_i(k+2)+\bar{x}_i(k)}{\bar{x}_i(k+1)}\right| \quad (i=1, 2, \cdots, n) \tag{5.5}$$

为 $x_i(\otimes)$ 与 $x_0^{+}(\otimes)$ 之间的灰色最优凸凹关联第一参数因素、灰色最优凸凹关联第二参数因素、灰色最优凸凹关联第三参数因素。则称

$$\mu_i^{+}(x_0^{+}(k), x_i(k))=\frac{\partial_1}{\underline{x}_i^{+}}+\frac{\partial_2}{\tilde{x}_i^{+}}+\frac{\partial_3}{\bar{x}_i^{+}} \tag{5.6}$$

$\mu_i^+(x_0^+(k),\ x_i(k))$ 为 $x_i(k)$ 和 $x_0^+(k)$ 的灰色最优凸凹关联系数。式中 $k=1,\ 2,\ \cdots,\ m-2$ $\sum_{t=1}^{3}\partial_t=1$，$0\leqslant\partial_t\leqslant1$，$t=1,\ 2,\ 3$。$\partial_t$ 为决策偏好因子，称

$$\gamma_i^+(x_0^+,\ x_i)=\frac{1}{m-2}\sum_{k=1}^{m-2}\mu_i^+(x_0^+(k),\ x_i(k)) \tag{5.7}$$

为 $x_i(k)$ 与 $x_0^+(k)$ 的灰色最优凸凹关联度。$\gamma_i^+(x_0^+,\ x_i)$ 的大小反映了方案 A_i 与最优方案的凸凹关联程度，$\gamma_i^+(x_0^+,\ x_i)$ 越大，说明方案 A_i 越优。

5.2.1.2　决策算法步骤

步骤 1　运用式（4.1）～（4.3）对非负三参数区间灰数评价矩阵进行规范化处理，得到各方案规范化的效果评价矩阵 $X=(r_{ij})_{n\times m}$。

步骤 2　确定最优方案效果评价向量式（5.1）。

步骤 3　运用式（5.3）、式（5.4）和式（5.5）确定灰色最优凸凹关联第一参数因素，灰色最优凸凹关联第二参数因素，灰色最优凸凹关联第三参数因素。

步骤 4　由式（5.6）确定灰色最优凸凹关联系数 $\mu_i^+(x_0^+(k),\ x_i(k))$。

步骤 5　运用式（5.7）算出方案 A_i 关于最优方案的凸凹关联度 $\gamma_i^+(x_0^+,\ x_i)$。

步骤 6　按照 $\gamma_i^+(x_0^+,\ x_i)$ 的大小，对各方案进行排序，最大的为最优。

5.2.1.3　算例分析

设影响舰载机选型的主要参数有最大航速（u_1）、越海自由航程（u_2）、最大净载荷（u_3）、购置费（u_4）、可靠性（u_5）、机动灵活性（u_6）等 6 项，现有 4 种机型可供选择，因此因素集 $U=\{u_1,\ u_2,\ u_3,\ u_4,\ u_5,\ u_6\}$，备择集 $V=\{v_1,\ v_2,\ v_3,\ v_4\}$。请多位专家分别给出权重集和评价矩阵，然后统计计算，最后得到归一化的目标权重向量

$$w=(w_1,\ w_2,\ w_3,\ w_4,\ w_5,\ w_6)=(0.17,\ 0.12,\ 0.13,\ 0.13,\ 0.21,\ 0.24)$$

步骤 1　规范化后的三参数区间灰数评价矩阵 $X(\otimes)=(x_{ij}(\otimes))_{4\times6}=$

$$\begin{vmatrix} [0.78,0.8,0.85] & [0.5,0.55,0.58] & [0.9,0.95,0.95] & [0.8,0.82,0.85] & [0.45,0.5,0.57] & [0.9,0.95,0.97] \\ [0.92,0.95,1.0] & [0.95,0.97,1.0] & [0.85,0.86,0.88] & [0.65,0.69,0.71] & [0.17,0.2,0.23] & [0.47,0.51,0.55] \\ [0.7,0.72,0.78] & [0.72,0.74,0.75] & [0.95,0.98,1.0] & [0.94,0.97,1.0] & [0.8,0.83,0.85] & [0.8,0.82,0.85] \\ [0.85,0.88,0.9] & [0.65,0.67,0.7] & [0.9,0.95,0.96] & [0.85,0.9,0.93] & [0.46,0.5,0.52] & [0.48,0.5,0.52] \end{vmatrix}$$

步骤 2　运用式（5.1）得出最优方案效果评价向量为

$\underline{x}_j^+=[[0.92,\ 0.95,\ 1]\ \ [0.95,\ 0.97,\ 1]\ \ [0.95,\ 0.98,\ 1]\ \ [0.94,\ 0.97,$

1] [0.8, 0.82, 0.85] [0.9, 0.95, 0.97]]

步骤3 运用式（5.3）、式（5.4）和式（5.7）确定灰色最优凸凹关联第一参数因素，灰色最优凸凹关联第二参数因素，灰色最优凸凹关联第三参数因素。

步骤4 运用式（5.6）算出方案 A_i 与最优方案的凸凹关联度为

$$G_1^+ = 0.308878,\ G_2^+ = 0.308026,\ G_3^+ = 0.337203,\ G_4^+ = 0.321598$$

步骤5 方案排序如下

$$A_2 < A_1 < A_4 < A_3$$

则机型 A_3 为最优排序机型，与罗党（2009）中的结果基本一致。

5.2.2 临界灰色凸凹关联决策方法

5.2.2.1 决策模型的构建

定义5.4 方案 a_i 规范化后的效果评价向量为

$$x_i = (x_{i1}(\otimes),\ x_{i2}(\otimes),\ \cdots,\ x_{im}(\otimes))$$

凸凹关联临界方案效果评价向量 $x_0^-(\otimes)$ 如式（5.2）所示，则分别称

$$\underline{x}_i^- = 1 + \left| \frac{\underline{x}_0^-(k+2) + \underline{x}_0^-(k)}{\underline{x}_0^-(k+1)} - \frac{\underline{x}_i(k+2) + \underline{x}_i(k)}{\underline{x}_i(k+1)} \right| \tag{5.8}$$

$$\tilde{x}_i^- = 1 + \left| \frac{\tilde{x}_0^-(k+2) + \tilde{x}_0^-(k)}{\tilde{x}_0^-(k+1)} - \frac{\tilde{x}_i(k+2) + \tilde{x}_i(k)}{\tilde{x}_i(k+1)} \right| \tag{5.9}$$

$$\bar{x}_i^- = 1 + \left| \frac{\bar{x}_0^-(k+2) + \bar{x}_0^-(k)}{\bar{x}_0^-(k+1)} - \frac{\bar{x}_i(k+2) + \bar{x}_i(k)}{\bar{x}_i(k+1)} \right| \tag{5.10}$$

为 $x_i(\otimes)$ 与 $x_0^-(\otimes)$ 之间的灰色临界凸凹关联第一参数因素、灰色临界凸凹关联第二参数因素、灰色临界凸凹关联第三参数因素。则称

$$\mu_i^-(x_0^-(k),\ x_i(k)) = \frac{\partial_1}{\underline{x}_i^-} + \frac{\partial_2}{\tilde{x}_i^-} + \frac{\partial_3}{\bar{x}_i^-} \tag{5.11}$$

$\mu_i^-(x_0^-(k),\ x_i(k))$ 为 $x_i(k)$ 与 $x_0^-(k)$ 的灰色临界凸凹关联系数，式中 $k = 1, 2, \cdots, m-2$，$\sum_{t=1}^{3} \partial_t = 1$，$0 \leqslant \partial_t \leqslant 1$，$t = 1, 2, 3$，$\partial_t$ 为决策偏好因子。则称

$$\gamma_i^-(x_i,\ x_0^-)=\frac{1}{m-2}\sum_{k=1}^{m-2}\mu_i^+(x_0^-(k),\ x_i(k)) \tag{5.12}$$

为 $x_i(k)$ 与 $x_0^-(k)$ 的灰色临界凸凹关联度。$\gamma^-(x_0^-,\ x_i)$ 的大小反映了方案 A_i 与临界方案的凸凹关联程度，$\gamma^-(x_0^-,\ x_i)$ 越小，说明方案 A_i 与临界方案的凸凹关联程度越大。即最小者为最优。

5.2.2.2 决策算法步骤

步骤1 运用式（4.1）~式（4.3）对非负三参数区间灰数评价矩阵进行规范化处理，得到各方案规范化的效果评价矩阵 $X=(r_{ij})_{n\times m}$。

步骤2 确定临界方案效果评价向量式（5.2）。

步骤3 运用式（5.8）、式（5.9）和式（5.10）确定灰色临界凸凹关联第一参数因素，灰色临界凸凹关联第二参数因素，灰色临界凸凹关联第三参数因素。

步骤4 由式（5.11）确定灰色临界凸凹关联系数 $\mu_i^-(x_0^-(k),\ x_i(k))$。

步骤5 运用式（5.12），算出方案 A_i 关于临界方案的凸凹关联度 $\gamma^-(x_0^-,\ x_i)$。

步骤6 按照 $\gamma^-(x_0^-,\ x_i)$ 的大小，对各方案进行排序，最小的为最优。

5.2.2.3 算例分析

设影响舰载机选型的主要参数有最大航速（u_1）、越海自由航程（u_2）、最大净载荷（u_3）、购置费（u_4）、可靠性（u_5）、机动灵活性（u_6）等6项，现有4种机型可供选择，因此因素集 $U=\{u_1,\ u_2,\ u_3,\ u_4,\ u_5,\ u_6\}$，备择集 $V=\{v_1,\ v_2,\ v_3,\ v_4\}$。请多位专家分别给出权重集和评价矩阵，然后统计计算，最后得到归一化的目标权重向量

$$w=(w_1,\ w_2,\ w_3,\ w_4,\ w_5,\ w_6)=(0.17,\ 0.12,\ 0.13,\ 0.13,\ 0.21,\ 0.24)$$

步骤1 规范化后的三参数区间灰数评价矩阵 $X(\otimes)=(x_{ij}(\otimes))_{4\times 6}=$

$$\begin{vmatrix} [0.78,0.8,0.85] & [0.5,0.55,0.58] & [0.9,0.95,0.95] & [0.8,0.82,0.85] & [0.45,0.5,0.57] & [0.9,0.95,0.97] \\ [0.92,0.95,1.0] & [0.95,0.97,1.0] & [0.85,0.86,0.88] & [0.65,0.69,0.71] & [0.17,0.2,0.23] & [0.47,0.51,0.55] \\ [0.7,0.72,0.78] & [0.72,0.74,0.75] & [0.95,0.98,1.0] & [0.94,0.97,1.0] & [0.8,0.83,0.85] & [0.8,0.82,0.85] \\ [0.85,0.88,0.9] & [0.65,0.67,0.7] & [0.9,0.95,0.96] & [0.85,0.9,0.93] & [0.46,0.5,0.52] & [0.48,0.5,0.52] \end{vmatrix}$$

步骤2 运用式（5.2）得出临界方案效果评价向量为

$x_j^-=[[0.22,\ 0.23,\ 0.22]\ [0.45,\ 0.42,\ 0.42]\ [0.1,\ 0.12,\ 0.12]\ [0.29,\ 0.28,\ 0.29]\ [0.63,\ 0.63,\ 0.62]\ [0.43,\ 0.45,\ 0.45]]$

步骤3 运用式（5.8）、式（5.9）和式（5.10）确定灰色临界凸凹关联

第一参数因素、灰色临界凸凹关联第二参数因素、灰色临界凸凹关联第三参数因素，由式（5.11）确定灰色临界凸凹关联系数。

步骤4　运用式（5.12）算出方案 A_i 与临界方案的凸凹关联度为

$$G_1^- = 0.553489,\ G_2^- = 0.774128$$

$$G_3^- = 0.459619,\ G_4^- = 0.561414$$

步骤5　方案排序如下

$$A_2 \prec A_4 \prec A_1 \prec A_3$$

则机型 A_3 为最优排序机型。

5.3　三参数区间灰数信息下的灰色加权凸凹关联决策方法

设方案集合为 $A = \{a_1, a_2, \cdots, a_n\}$，属性因素集合 $B = \{b_1, b_2, \cdots, b_m\}$，所以决策矩阵为 $S = \{u_{ij} = (a_i, b_j) \mid a_i \in A, b_j \in B\}$，$u_{ij}(i = 1, 2, \cdots, n, j = 1, 2, \cdots, m)$ 为方案 a_i 在属性 b_j 下的属性值。该属性值并非一个精确数，而是一个三参数区间灰数，因此方案 a_i 在属性 b_j 下的属性值记为 $u_{ij} \in [\underline{u}_{ij}, \tilde{u}_{ij}, \bar{u}_{ij}]\ (0 \leqslant \underline{u}_{ij} \leqslant \tilde{u}_{ij} \leqslant \bar{u}_{ij},\ i = 1, 2, \cdots, n;\ j = 1, 2, \cdots, m)$，则方案 a_i 的效果评价向量记为 $u_i = (u_{i1}(\otimes), u_{i2}(\otimes), \cdots, u_{im}(\otimes))$。为了消除量纲和增加可比性，利用式（4.1）~（4.3）对数据进行规范化处理，则得到规范化的决策矩阵 $X = (r_{ij})_{n \times m}$，其中 $x_{ij} \in (\underline{x}_{ij}, \tilde{x}_{ij}, \bar{x}_{ij})$ 为 $[0, 1]$ 上的三参数区间灰数，表示方案 a_i 在属性 b_j 下的效果评价信息。

5.3.1　灰色加权最优凸凹关联决策方法

5.3.1.1　决策模型的构建

定义5.5　方案 a_i 规范化后的效果评价向量为

$$x_i = (x_{i1}(\otimes), x_{i2}(\otimes), \cdots, x_{im}(\otimes))$$

凸凹关联最优方案效果评价向量 $x_0^+(\otimes)$ 如式（4.1）所示，则分别称

$$\underline{\gamma}_i^+ = 1 + \left| \frac{\omega_{k+2}\underline{x}_0^+(k+2) + \omega_k \underline{x}_0^+(k)}{\omega_{k+1}\underline{x}_0^+(k+1)} - \frac{\omega_{k+2}\underline{x}_i(k+2) + \omega_k \underline{x}_i(k)}{\omega_{k+1}\underline{x}_i(k+1)} \right| \tag{5.13}$$

$$\tilde{y}_i^+ = 1 + \left| \frac{\omega_{k+2}\tilde{x}_0^+(k+2) + \omega_k \tilde{x}_0^+(k)}{\omega_{k+1}\tilde{x}_0^+(k+1)} - \frac{\omega_{k+2}\tilde{x}_i(k+2) + \omega_k \tilde{x}_i(k)}{\omega_{k+1}\tilde{x}_i(k+1)} \right| \tag{5.14}$$

$$\bar{y}_i^+ = 1 + \left| \frac{\omega_{k+2}\bar{x}_0^+(k+2) + \omega_k \bar{x}_0^+(k)}{\omega_{k+1}\bar{x}_0^+(k+1)} - \frac{\omega_{k+2}\bar{x}_i(k+2) + \omega_k \bar{x}_i(k)}{\omega_{k+1}\bar{x}_i(k+1)} \right| \tag{5.15}$$

为 $x_i(k)$ 与 $x_0^+(k)$ 的灰色加权最优凸凹关联第一参数因素、灰色加权最优凸凹关联第二参数因素、灰色加权最优凸凹关联第三参数因素。则称

$$\eta_i^+(\underline{y}_i^+, \tilde{y}_i^+, \bar{y}_i^+) = \frac{\partial_1}{\underline{y}_i^+} + \frac{\partial_2}{\tilde{y}_i^+} + \frac{\partial_3}{\bar{y}_i^+} \tag{5.16}$$

$\eta_i^+(\underline{y}_i^+, \tilde{y}_i^+, \bar{y}_i^+)$ 为 $x_i(k)$ 和 $x_0^+(k)$ 的灰色加权最优凸凹关联系数。式中 $k = 1, 2, \cdots, m-2$，$\sum_{t=1}^{3}\partial_t = 1$，$0 \leqslant \partial_t \leqslant 1$，$t = 1, 2, 3$。$\partial_t$ 为决策偏好因子，称

$$\xi_i^+(\underline{y}_i^+, \tilde{y}_i^+, \bar{y}_i^+) = \frac{1}{m-2}\sum_{k=1}^{m-2}\eta_i^+(\underline{y}_i^+, \tilde{y}_i^+, \bar{y}_i^+) \tag{5.17}$$

式中 $k=1, 2, \cdots, m-2$，$\sum_{t=1}^{3}\partial_t = 1$，$0 \leqslant \partial_t \leqslant 1$，$t=1, 2, 3$。$\partial_t$ 为决策偏好因子，称 $\xi_i^+(\underline{y}_i^+, \tilde{y}_i^+, \bar{y}_i^+)$ 为灰色加权最优凸凹关联度。

$\xi_i^+(\underline{y}_i^+, \tilde{y}_i^+, \bar{y}_i^+)$ 的大小反映了方案 A_i 与加权最优方案的凸凹关联程度，$\xi_i^+(\underline{y}_i^+, \tilde{y}_i^+, \bar{y}_i^+)$ 越大，说明方案 A_i 越优。

5.3.1.2 决策算法步骤

步骤 1　运用式（4.1）~（4.3）对非负三参数区间灰数评价矩阵进行规范化处理，得到各方案规范化的效果评价矩阵 $X = (r_{ij})_{n\times m}$。

步骤 2　确定最优方案效果评价向量式（5.1）。

步骤 3　运用式（5.13）、式（5.14）和式（5.15），确定灰色加权最优凸凹关联第一参数因素、灰色加权最优凸凹关联第二参数因素、灰色加权最优凸凹关联第三参数因素。

步骤 4　由式（5.16）确定灰色加权最优凸凹关联系数 $\eta_i^+(\underline{y}_i^+, \tilde{y}_i^+, \bar{y}_i^+)$。

步骤 5　运用式（5.17）算出方案 A_i 关于灰色加权最优方案的凸凹关联度 $\xi_i^+(\underline{y}_i^+, \tilde{y}_i^+, \bar{y}_i^+)$。

步骤6 按照 $\xi_i^+(\underline{y}_i^+, \widetilde{y}_i^+, \overline{y}_i^+)$ 的大小，对各方案进行排序，最大的为最优。

5.3.1.3 算例分析

设影响舰载机选型的主要参数有最大航速（u_1）、越海自由航程（u_2）、最大净载荷（u_3）、购置费（u_4）、可靠性（u_5）、机动灵活性（u_6）等6项，现有4种机型可供选择，因此因素集 $U=\{u_1, u_2, u_3, u_4, u_5, u_6\}$，备择集 $V=\{v_1, v_2, v_3, v_4\}$。请多位专家分别给出权重集和评价矩阵，然后统计计算，最后得到归一化的目标权重向量

$$w=(w_1, w_2, w_3, w_4, w_5, w_6)=(0.17, 0.12, 0.13, 0.13, 0.21, 0.24)$$

步骤1 规范化后的三参数区间灰数评价矩阵 $X(\otimes)=(x_{ij}(\otimes))_{4\times 6}=$

$$\begin{vmatrix} [0.78,0.8,0.85] & [0.5,0.55,0.58] & [0.9,0.95,0.95] & [0.8,0.82,0.85] & [0.45,0.5,0.57] & [0.9,0.95,0.97] \\ [0.92,0.95,1.0] & [0.95,0.97,1.0] & [0.85,0.86,0.88] & [0.65,0.69,0.71] & [0.17,0.2,0.23] & [0.47,0.51,0.55] \\ [0.7,0.72,0.78] & [0.72,0.74,0.75] & [0.95,0.98,1.0] & [0.94,0.97,1.0] & [0.8,0.83,0.85] & [0.8,0.82,0.85] \\ [0.85,0.88,0.9] & [0.65,0.67,0.7] & [0.9,0.95,0.96] & [0.85,0.9,0.93] & [0.46,0.5,0.52] & [0.48,0.5,0.52] \end{vmatrix}$$

步骤2 运用式（5.1）得出最优方案效果评价向量为

$\underline{x}_j^+=[[0.92, 0.95, 1]\ [0.95, 0.97, 1]\ [0.95, 0.98, 1]\ [0.94, 0.97, 1]\ [0.8, 0.82, 0.85]\ [0.9, 0.95, 0.97]]$

步骤3 运用式（5.14）、式（5.14）和式（5.15）确定灰色加权最优凸凹关联第一参数因素、灰色加权最优凸凹关联第二参数因素、灰色加权最优凸凹关联第三参数因素。

步骤4 运用式（5.17）算出方案 A_i 与灰色加权最优方案的凸凹关联度为

$$D_1^+=0.570913, \quad D_2^+=0.667494$$

$$D_3^+=0.852713, \quad D_4^+=0.651035$$

步骤5 方案排序如下

$$A_1 < A_4 < A_2 < A_3$$

则机型 A_3 为最优排序机型，与罗党（2009）中的结果基本一致。

5.3.2 灰色加权临界凸凹关联决策方法

5.3.2.1 决策模型的构建

定义5.6 方案 a_i 规范化后的效果评价向量为

$$x_i=(x_{i1}(\otimes), x_{i2}(\otimes), \cdots, x_{im}(\otimes))$$

凸凹关联临界方案效果评价向量 $x_0^-(\otimes)$ 如式（4.2）所示，则分别称

$$\underline{y}_i^- = 1 + \left| \frac{\omega_{k+2}\underline{x}_0^-(k+2) + \omega_k \underline{x}_0^-(k)}{\omega_{k+1}\underline{x}_0^-(k+1)} - \frac{\omega_{k+2}\underline{x}_i(k+2) + \omega_k \underline{x}_i(k)}{\omega_{k+1}\underline{x}_i(k+1)} \right| \tag{5.18}$$

$$\widetilde{y}_i^- = 1 + \left| \frac{\omega_{k+2}\widetilde{x}_0^-(k+2) + \omega_k \widetilde{x}_0^-(k)}{\omega_{k+1}\widetilde{x}_0^-(k+1)} - \frac{\omega_{k+2}\widetilde{x}_i(k+2) + \omega_k \widetilde{x}_i(k)}{\omega_{k+1}\widetilde{x}_i(k+1)} \right| \tag{5.19}$$

$$\overline{y}_i^- = 1 + \left| \frac{\omega_{k+2}\overline{x}_0^-(k+2) + \omega_k \overline{x}_0^-(k)}{\omega_{k+1}\overline{x}_0^-(k+1)} - \frac{\omega_{k+2}\overline{x}_i(k+2) + \omega_k \overline{x}_i(k)}{\omega_{k+1}\overline{x}_i(k+1)} \right| \tag{5.20}$$

为灰色加权临界凸凹关联第一参数因素、灰色加权临界凸凹关联第二参数因、灰色加权临界凸凹关联第三参数因素。称

$$\eta_i^-(\underline{y}_i^-,\ \widetilde{y}_i^-,\ \overline{y}_i^-) = \frac{\partial_1}{\underline{y}_i^-} + \frac{\partial_2}{\widetilde{y}_i^-} + \frac{\partial_3}{\overline{y}_i^-} \tag{5.21}$$

$\eta_i^-(\underline{y}_i^-,\ \widetilde{y}_i^-,\ \overline{y}_i^-)$ 为灰色加权临界凸凹关联系数，式中 $\sum_{t=1}^{3}\partial_t = 1$，$0 \leqslant \partial_t \leqslant 1$，$t = 1,\ 2,\ 3$，$\partial_t$ 为决策偏好因子。

$$\xi_i^-(\underline{y}_i^-,\ \widetilde{y}_i^-,\ \overline{y}_i^-) = \frac{1}{m-2}\sum_{k=1}^{m-2}\eta_i^-(\underline{y}_i^-,\ \widetilde{y}_i^-,\ \overline{y}_i^-) \tag{5.22}$$

$\xi_i^-(\underline{y}_i^-,\ \widetilde{y}_i^-,\ \overline{y}_i^-)$ 的大小反映了方案 A_i 与加权临界方案的凸凹关联程度，$\xi_i^-(\underline{y}_i^-,\ \widetilde{y}_i^-,\ \overline{y}_i^-)$ 越小，说明方案 A_i 越优。

5.3.2.2　决策算法步骤

步骤 1　运用式（4.1）~（4.3）对非负三参数区间灰数评价矩阵进行规范化处理，得到各方案规范化的效果评价矩阵 $X = (r_{ij})_{n\times m}$。

步骤 2　确定临界方案效果评价向量式（5.2）。

步骤 3　运用式（5.18）、式（5.19）和式（5.20）确定灰色加权临界凸凹关联第一参数因素、灰色加权临界凸凹关联第二参数因素、灰色加权临界凸凹关联第三参数因素。

步骤 4　由式（5.21）确定灰色加权临界凸凹关联系数 $\eta_i^-(\underline{y}_i^-,\ \widetilde{y}_i^-,\ \overline{y}_i^-)$。

步骤 5　运用式（5.22）算出方案 A_i 关于加权临界方案的凸凹关联度 $\xi_i^-(\underline{y}_i^-,\ \widetilde{y}_i^-,\ \overline{y}_i^-)$。

步骤6　按照 $\xi_i^-(\underline{y}_i^-, \tilde{y}_i^-, \bar{y}_i^-)$ 的大小，对各方案进行排序，最小的为最优。

5.3.2.3　算例分析

设影响舰载机选型的主要参数有最大航速（u_1）、越海自由航程（u_2）、最大净载荷（u_3）、购置费（u_4）、可靠性（u_5）、机动灵活性（u_6）等6项，现有4种机型可供选择，因此因素集 $U=\{u_1, u_2, u_3, u_4, u_5, u_6\}$，备择集 $V=\{v_1, v_2, v_3, v_4\}$。请多位专家分别给出权重集和评价矩阵，然后统计计算，最后得到归一化的目标权重向量

$$w=(w_1, w_2, w_3, w_4, w_5, w_6)=(0.17, 0.12, 0.13, 0.13, 0.21, 0.24)$$

步骤1　规范化后的三参数区间灰数评价矩阵 $X(\otimes)=(x_{ij}(\otimes))_{4\times6}=$

$$\begin{vmatrix} [0.78,0.8,0.85] & [0.5,0.55,0.58] & [0.9,0.95,0.95] & [0.8,0.82,0.85] & [0.45,0.5,0.57] & [0.9,0.95,0.97] \\ [0.92,0.95,1.0] & [0.95,0.97,1.0] & [0.85,0.86,0.88] & [0.65,0.69,0.71] & [0.17,0.2,0.23] & [0.47,0.51,0.55] \\ [0.7,0.72,0.78] & [0.72,0.74,0.75] & [0.95,0.98,1.0] & [0.94,0.97,1.0] & [0.8,0.83,0.85] & [0.8,0.82,0.85] \\ [0.85,0.88,0.9] & [0.65,0.67,0.7] & [0.9,0.95,0.96] & [0.85,0.9,0.93] & [0.46,0.5,0.52] & [0.48,0.5,0.52] \end{vmatrix}$$

步骤2　运用式（5.2）得出临界方案效果评价向量为

$x_j^-=[[0.22, 0.23, 0.22]\ [0.45, 0.42, 0.42]\ [0.1, 0.12, 0.12]\ [0.29, 0.28, 0.29]\ [0.63, 0.63, 0.62]\ [0.43, 0.45, 0.45]]$

步骤3　运用式（5.18）、式（5.19）和式（5.20）确定灰色加权临界凸凹关联第一参数因素、灰色加权临界凸凹关联第二参数因素、灰色加权临界凸凹关联第三参数因素，由式（5.21）确定灰色加权临界凸凹关联系数。

步骤4　运用式（5.22）算出方案 A_i 与加权临界方案的凸凹关联度为

$$D_1^-=0.705451,\ D_2^-=0.763787,\ D_3^-=0.543148,\ D_4^-=0.670154$$

步骤5　方案排序如下

$$A_2 < A_1 < A_4 < A_3$$

则机型 A_3 为最优排序机型。

5.4　三参数区间灰数信息下的综合凸凹关联决策方法

设方案集合为 $A=\{a_1, a_2, \cdots, a_n\}$，属性因素集合 $B=\{b_1, b_2, \cdots,$

$b_m\}$，所以决策矩阵为 $S=\{u_{ij}=(a_i, b_j) \mid a_i \in A, b_j \in B\}$，$u_{ij}(i=1, 2, \cdots, n, j=1, 2, \cdots, m)$ 为方案 a_i 在属性 b_j 下的属性值。该属性值并非一个精确数，而是一个三参数区间灰数，因此方案 a_i 在属性 b_j 下的属性值记为 $u_{ij} \in [\underline{u}_{ij}, \tilde{u}_{ij}, \bar{u}_{ij}]$ $(0 \leqslant \underline{u}_{ij} \leqslant \tilde{u}_{ij} \leqslant \bar{u}_{ij}, i=1, 2, \cdots, n; j=1, 2, \cdots, m)$，则方案 a_i 的效果评价向量记为 $u_i=(u_{i1}(\otimes), u_{i2}(\otimes), \cdots, u_{im}(\otimes))$。为了消除量纲和增加可比性，利用式（4.1）～（4.3）对数据进行规范化处理，则得到规范化的决策矩阵 $X=(r_{ij})_{n\times m}$，其中 $x_{ij} \in (\underline{x}_{ij}, \tilde{x}_{ij}, \bar{x}_{ij})$ 为 $[0, 1]$ 上的三参数区间灰数，表示方案 a_i 在属性 b_j 下的效果评价信息。

5.4.1 灰色变权线性综合凸凹关联决策方法

5.4.1.1 决策模型的构建

针对决策信息为三参数区间灰数的情况，如5.3节中所述，方案 A_i 与灰色加权最优方案的凸凹关联度为 $\xi_i^+(\underline{y}_i^+, \tilde{y}_i^+, \bar{y}_i^+)$，方案 A_i 关于灰色加权临界方案的凸凹关联度为 $\xi_i^-(\underline{y}_i^-, \tilde{y}_i^-, \bar{y}_i^-)$。

设两类灰色加权凸凹关联的变权分别为 ∂，$1-\partial$。$(0 \leqslant \partial \leqslant 1)$。则称

$$P_i(\underline{y}_i^+, \tilde{y}_i^+, \bar{y}_i^+, \underline{y}_i^-, \tilde{y}_i^-, \bar{y}_i^-)=\partial\xi_i^+(\underline{y}_i^+, \tilde{y}_i^+, \bar{y}_i^+)+(1-\partial)\xi_i^-(\underline{y}_i^-, \tilde{y}_i^-, \bar{y}_i^-) \tag{5.23}$$

为效果评价向量 x_i 灰色线性变权综合凸凹关联度，显然灰色变权综合凸凹关联度越大，方案 A_i 越优。

5.4.1.2 决策算法步骤

步骤1 运用式（4.1）～（4.3）对非负三参数区间灰数评价矩阵进行规范化处理，得到各方案规范化的效果评价矩阵 $X=(r_{ij})_{n\times m}$。

步骤2 确定最优方案效果评价向量式（5.1）。

步骤3 确定临界方案效果评价向量式（5.2）。

步骤4 运用式（5.17）算出方案 A_i 关于灰色加权最优方案的凸凹关联度 $\xi_i^+(\underline{y}_i^+, \tilde{y}_i^+, \bar{y}_i^+)$。

步骤5 运用式（5.22）算出方案 A_i 关于加权临界方案的凸凹关联度 $\xi_i^-(\underline{y}_i^-, \tilde{y}_i^-, \bar{y}_i^-)$。

步骤6　由式（5.23）得效果评价向量 x_i 灰色变权线性综合凸凹关联度 $P_i(\underline{y}_i^+, \tilde{y}_i^+, \bar{y}_i^+, \underline{y}_i^-, \tilde{y}_i^-, \bar{y}_i^-)$。

步骤7　按照 $P_i(\underline{y}_i^+, \tilde{y}_i^+, \bar{y}_i^+, \underline{y}_i^-, \tilde{y}_i^-, \bar{y}_i^-)$ 的大小，对各方案进行排序，最大的为最优。

5.4.1.3　算例分析

设影响舰载机选型的主要参数有最大航速（u_1）、越海自由航程（u_2）、最大净载荷（u_3）、购置费（u_4）、可靠性（u_5）、机动灵活性（u_6）等6项，现有4种机型可供选择，因此因素集 $U=\{u_1, u_2, u_3, u_4, u_5, u_6\}$，备择集 $V=\{v_1, v_2, v_3, v_4\}$。请多位专家分别给出权重集和评价矩阵，然后统计计算，最后得到归一化的目标权重向量

$$w=(w_1, w_2, w_3, w_4, w_5, w_6)=(0.17, 0.12, 0.13, 0.13, 0.21, 0.24)$$

步骤1　规范化后的三参数区间灰数评价矩阵 $X(\otimes)=(x_{ij}(\otimes))_{4\times 6}=$

$$\begin{vmatrix} [0.78,0.8,0.85] & [0.5,0.55,0.58] & [0.9,0.95,0.95] & [0.8,0.82,0.85] & [0.45,0.5,0.57] & [0.9,0.95,0.97] \\ [0.92,0.95,1.0] & [0.95,0.97,1.0] & [0.85,0.86,0.88] & [0.65,0.69,0.71] & [0.17,0.2,0.23] & [0.47,0.51,0.55] \\ [0.7,0.72,0.78] & [0.72,0.74,0.75] & [0.95,0.98,1.0] & [0.94,0.97,1.0] & [0.8,0.83,0.85] & [0.8,0.82,0.85] \\ [0.85,0.88,0.9] & [0.65,0.67,0.7] & [0.9,0.95,0.96] & [0.85,0.9,0.93] & [0.46,0.5,0.52] & [0.48,0.5,0.52] \end{vmatrix}$$

步骤2　运用式（5.1）得出最优方案效果评价向量为

$\underline{x}_j^+=[[0.92, 0.95, 1]\ [0.95, 0.97, 1]\ [0.95, 0.98, 1]\ [0.94, 0.97, 1]\ [0.8, 0.82, 0.85]\ [0.9, 0.95, 0.97]]$

步骤3　运用式（5.2）得出临界方案效果评价向量为

$x_j^-=[[0.22, 0.23, 0.22]\ [0.45, 0.42, 0.42]\ [0.1, 0.12, 0.12]\ [0.29, 0.28, 0.29]\ [0.63, 0.63, 0.62]\ [0.43, 0.45, 0.45]]$

步骤4　运用式（5.17）算出方案 A_i 关于灰色加权最优方案的凸凹关

$$D_1^+=0.570913,\ D_2^+=0.667494,\ D_3^+=0.852713,\ D_4^+=0.651035$$

步骤5　运用式（5.22）算出方案 A_i 与灰色加权临界方案的凸凹关联度

$$D_1^-=0.705451,\ D_2^-=0.763787,\ D_3^-=0.543148,\ D_4^-=0.670154$$

步骤6　由式（5.23）得效果评价向量 x_i 灰色变权线性综合凸凹关联度

$$P_1=0.59694,\ P_2=0.560689,\ P_3=0.724737,\ P_4=0.636831$$

步骤7　方案排序如下

$$A_2 < A_1 < A_4 < A_3,$$

则机型 A_3 为最优排序机型，与罗党（2009）中的结果基本一致。

5.4.2 灰色变权乘积综合凸凹关联决策方法

5.4.2.1 决策模型的构建

针对决策信息为三参数区间灰数的情况，如 5.3 节中所述，方案 A_i 与灰色加权最优方案的凸凹关联度为 $\xi_i^+(\underline{y}_i^+, \tilde{y}_i^+, \bar{y}_i^+)$，方案 A_i 关于灰色加权临界方案的凸凹关联度为 $\xi_i^-(\underline{y}_i^-, \tilde{y}_i^-, \bar{y}_i^-)$。设两类灰色凸凹关联度的变权分别为 β，$1-\beta$，$0 \leqslant \beta \leqslant 1$。则称

$$Q_i(\underline{y}_i^+, \tilde{y}_i^+, \bar{y}_i^+, \underline{y}_i^-, \tilde{y}_i^-, \bar{y}_i^-) = (\xi_i^+(\underline{y}_i^+, \tilde{y}_i^+, \bar{y}_i^+))^{\beta} \cdot (\xi_i^-(\underline{y}_i^-, \tilde{y}_i^-, \bar{y}_i^-))^{(1-\beta)} \tag{5.24}$$

为方案 A_i 的灰色变权乘积综合凸凹关联度，显然变权乘积综合关联度越大，方案 A_i 越优。

5.4.2.2 决策算法步骤

步骤 1 运用式（4.1）~（4.3）对非负三参数区间灰数评价矩阵进行规范化处理，得到各方案规范化的效果评价矩阵 $X=(r_{ij})_{n\times m}$。

步骤 2 确定最优方案效果评价向量式（5.1）。

步骤 3 确定临界方案效果评价向量式（5.2）。

步骤 4 运用式（5.17）算出方案 A_i 关于加权最优方案的凸凹关联度 $\xi_i^+(\underline{y}_i^+, \tilde{y}_i^+, \bar{y}_i^+)$。

步骤 5 运用式（5.22）算出方案 A_i 关于加权临界方案的凸凹关联度 $\xi_i^-(\underline{y}_i^-, \tilde{y}_i^-, \bar{y}_i^-)$。

步骤 6 由式（5.24）得效果评价向量 x_i 灰色变权线性综合凸凹关联度 $Q_i(\underline{y}_i^+, \tilde{y}_i^+, \bar{y}_i^+, \underline{y}_i^-, \tilde{y}_i^-, \bar{y}_i^-)$。

步骤 7 按照 $Q_i(\underline{y}_i^+, \tilde{y}_i^+, \bar{y}_i^+, \underline{y}_i^-, \tilde{y}_i^-, \bar{y}_i^-)$ 的大小，对各方案进行排序，最大的为最优。

5.4.2.3 算例分析

设影响舰载机选型的主要参数有最大航速（u_1）、越海自由航程（u_2）、最

大净载荷（u_3）、购置费（u_4）、可靠性（u_5）、机动灵活性（u_6）等6项，现有4种机型可供选择，因此因素集 $U=\{u_1, u_2, u_3, u_4, u_5, u_6\}$，备择集 $V=\{v_1, v_2, v_3, v_4\}$。请多位专家分别给出权重集和评价矩阵，然后统计计算，最后得到归一化的目标权重向量

$$w=(w_1, w_2, w_3, w_4, w_5, w_6)=(0.17, 0.12, 0.13, 0.13, 0.21, 0.24)$$

步骤1　规范化后的三参数区间灰数评价矩阵 $X(\otimes)=(x_{ij}(\otimes))_{4\times6}=$

$$\begin{vmatrix} [0.78,0.8,0.85] & [0.5,0.55,0.58] & [0.9,0.95,0.95] & [0.8,0.82,0.85] & [0.45,0.5,0.57] & [0.9,0.95,0.97] \\ [0.92,0.95,1.0] & [0.95,0.97,1.0] & [0.85,0.86,0.88] & [0.65,0.69,0.71] & [0.17,0.2,0.23] & [0.47,0.51,0.55] \\ [0.7,0.72,0.78] & [0.72,0.74,0.75] & [0.95,0.98,1.0] & [0.94,0.97,1.0] & [0.8,0.83,0.85] & [0.8,0.82,0.85] \\ [0.85,0.88,0.9] & [0.65,0.67,0.7] & [0.9,0.95,0.96] & [0.85,0.9,0.93] & [0.46,0.5,0.52] & [0.48,0.5,0.52] \end{vmatrix}$$

步骤2　运用式（5.1）得出最优方案效果评价向量为

$x_j^+=[[0.92, 0.95, 1]\ [0.95, 0.97, 1]\ [0.95, 0.98, 1]\ [0.94, 0.97, 1]\ [0.8, 0.82, 0.85]\ [0.9, 0.95, 0.97]]$

步骤3　运用式（5.2）得出临界方案效果评价向量为

$x_j^-=[[0.22, 0.23, 0.22]\ [0.45, 0.42, 0.42]\ [0.1, 0.12, 0.12]\ [0.29, 0.28, 0.29]\ [0.63, 0.63, 0.62]\ [0.43, 0.45, 0.45]]$

步骤4　运用式（5.17）算出方案 A_i 关于加权最优方案的凸凹关联度

$$D_1^+=0.570913,\ D_2^+=0.667494$$

$$D_3^+=0.852713,\ D_4^+=0.651035$$

步骤5　运用式（5.22）算出方案 A_i 与加权临界方案的凸凹关联度为

$$D_1^-=0.705451,\ D_2^-=0.763787,\ D_3^-=0.543148,\ D_4^-=0.670154$$

步骤6　由式（5.24）得效果评价向量 x_i 灰色变权乘积综合凸凹关联度

$$Q_1=0.410075,\ Q_2=0.397078,\ Q_3=0.62415,\ Q_4=0.463402$$

步骤7　方案排序如下

$$A_2<A_1<A_4<A_3$$

则机型 A_3 为最优排序机型，与罗党（2009）中的结果基本一致。

5.5　本章小结

根据实数范围内函数凸凹性的研究，笔者构造了三参数区间信息条件下的

灰色凸凹关联决策方法。又依据各决策方案与最优方案的灰色凸凹关联程度的不同构造了最优灰色凸凹关联决策方法、加权最优凸凹关联决策方法；同样的根据各个决策方案与临界方案凸凹关联度的不同，笔者构造了临界凸凹关联决策方法、加权临界凸凹关联决策方法；最后综合最优灰色凸凹关联度和临界凸凹关联度，得到变权线性综合凸凹关联决策方法和变权乘积综合凸凹关联决策方法。上述研究成果丰富了关联决策方法理论体系，拓展了灰色关联决策方法的应用范围，对于关联决策方法的研究具有重要的理论意义与实用价值。本书的理论研究还存在一定的缺陷，例如对于两个图形凸凹方向不一致的序列，尚不能找到更好的方法进行决策，对这方面的研究有待于提高。

6 三参数区间灰数信息下的风险型灰色关联决策方法

6.1 引言

由于实际问题的复杂性和不确定性以及人类认识的局限性，决策者对方案往往存在主观上的风险偏好，而这种偏好会直接影响最终的决策结果。因此，在多指标灰色关联模型中考虑决策者的风险态度，便显得尤为重要。

本书针对决策信息为三参数区间灰数的情况，考虑决策者的风险态度对多指标决策的影响，在已有研究的基础上，针对不同问题，提出了如下两种灰色多属性决策方法。第一，首先考虑三参数区间灰数的特点，结合灰色关联的思想，定义了灰色区间相对关联度系数，继而形成灰色关联系数矩阵；其次利用熵理论求解目标权重，提出了一种基于灰关联熵的多指标灰靶决策方法；最后基于熵的原理确定了各属性的客观权重，结合专家意见求得了属性的综合权重，最后根据方案的加权相离度对方案进行排序。第二，定义了子因素 $x_{ij}(\otimes)$ 与临界效果评向量 $x^{-}(\otimes)$ 的灰色相对关联系数，以靶心和靶界点为参考点，构建了基于灰数相对关联系数的前景价值函数，得到了正负灰色前景关联矩阵；建立了方案综合前景值最大化的多属性优化模型求解最优权向量，提出了一种基于灰色前景关联的多属性决策方法。最后，通过实例验证了模型的有效性和实用性。

6.2　基于熵的多属性灰色决策模型

6.2.1　决策模型的构建

6.2.1.1　问题的描述

设方案集合为 $A=\{a_1, a_2, \cdots, a_n\}$，属性因素集合 $B=\{b_1, b_2, \cdots, b_m\}$，则决策矩阵为 $S=\{u_{ij}=(a_i, b_j) \mid a_i\in A, b_j\in B\}$，记 $u_{ij}(i=1, 2, \cdots, n, j=1, 2, \cdots, m)$ 为方案 a_i 在指标 b_j 下的属性值。该属性本值并非一个精确数，而是一个三参数区间灰数，因此方案 a_i 在指标 b_j 下的属性值记为 $u_{ij}\in[\underline{u}_{ij}, \tilde{u}_{ij}, \bar{u}_{ij}]$ $(0\leqslant \underline{u}_{ij}\leqslant \tilde{u}_{ij}\leqslant \bar{u}_{ij}, i=1, 2, \cdots, n; j=1, 2, \cdots, m)$。故方案 a_i 的效果评价向量记为 $u_i=(u_{i1}(\otimes), u_{i2}(\otimes), \cdots, u_{im}(\otimes))$，$(i=1, 2, \cdots, n)$。

为了消除量纲和增加可比性，引入三参数区间灰数的灰色极差变换：

对于效益型目标：

$$\underline{x}_{ij}=\frac{\underline{u}_{ij}-\underline{u}_j^{\nabla}}{\bar{u}_j^{*}-\underline{u}_j^{\nabla}},\quad \tilde{x}_{ij}=\frac{\tilde{u}_{ij}-\underline{u}_j^{\nabla}}{\bar{u}_j^{*}-\underline{u}_j^{\nabla}},\quad \bar{x}_{ij}=\frac{\bar{u}_{ij}-\underline{u}_j^{\nabla}}{\bar{u}_j^{*}-\underline{u}_j^{\nabla}} \tag{6.1}$$

对于成本型目标：

$$\underline{x}_{ij}=\frac{\bar{u}_j^{*}-\bar{u}_{ij}}{\bar{u}_j^{*}-\underline{u}_j^{\nabla}},\quad \tilde{x}_{ij}=\frac{\bar{u}_j^{*}-\tilde{u}_{ij}}{\bar{u}_j^{*}-\underline{u}_j^{\nabla}},\quad \bar{x}_{ij}=\frac{\bar{u}_j^{*}-\underline{u}_{ij}}{\bar{u}_j^{*}-\underline{u}_j^{\nabla}} \tag{6.2}$$

对于固定型目标：

$$\underline{x}_{ij}=\frac{\bar{u}_j^{*}-\underline{u}_j^{\nabla}}{\bar{u}_j^{*}-\underline{u}_j^{\nabla}+|\underline{u}_{i_0j_0}-\underline{u}_{ij}|},\tilde{x}_{ij}=\frac{\bar{u}_j^{*}-\underline{u}_j^{\nabla}}{\bar{u}_j^{*}-\underline{u}_j^{\nabla}+|\tilde{u}_{i_0j_0}-\tilde{u}_{ij}|},\bar{x}_{ij}=\frac{\bar{u}_j^{*}-\underline{u}_j^{\nabla}}{\bar{u}_j^{*}-\underline{u}_j^{\nabla}+|\bar{u}_{i_0j_0}-\bar{u}_{ij}|} \tag{6.3}$$

其中 $\bar{u}_j^{*}=\max\limits_{1\leqslant i\leqslant n}\{\bar{u}_{ij}\}$，$\underline{u}_j^{\nabla}=\min\limits_{1\leqslant i\leqslant n}\{\underline{u}_{ij}\}$，$u_{i_0j_0}^{*}=\{\underline{u}_{i_0j_0}, \tilde{u}_{i_0j_0}, \bar{u}_{i_0j_0}\}$ 为属性 b_j 目标下的指定效果适中值，$j=1, 2, \cdots, m$。设方案 a_i 规范化后的效果评价向量为：

$$x_i = (x_{i1}(\otimes), x_{i2}(\otimes), \cdots, x_{im}(\otimes))$$

其中 $x_{ij} \in (\underline{x}_{ij}, \tilde{x}_{ij}, \bar{x}_{ij})$ 为 [0, 1] 上的三参数区间灰数，表示方案 a_i 在属性 b_j 下的效果评价信息。因此，可得规范化的决策矩阵：

$$X = \begin{bmatrix} x_{11} & x_{12} & \cdots & x_{1m} \\ x_{21} & x_{22} & \cdots & x_{2m} \\ \cdots & \cdots & \ddots & \cdots \\ x_{n1} & x_{n2} & \cdots & x_{nm} \end{bmatrix}$$

6.2.1.2 决策模型的构建

定义 6.1 设 $x_j^+(\otimes) = \max\{(\underline{x}_{ij} + \tilde{x}_{ij} + \bar{x}_{ij})/3 \mid 1 \leqslant i \leqslant n\}$ $(j=1, 2, \cdots, m)$，其对应的效果值记为 $[\underline{x}_{ij}^+, \tilde{x}_{ij}^+, \bar{x}_{ij}^+]$，称

$$x^+(\otimes) = \{x_1^+(\otimes), \cdots, x_m^+(\otimes)\} = \{[\underline{x}_{i1}^+, \tilde{x}_{i1}^+, \bar{x}_{i1}^+], [\underline{x}_{i2}^+, \tilde{x}_{i2}^+, \bar{x}_{i2}^+], \cdots, [\underline{x}_{im}^+, \tilde{x}_{im}^+, \bar{x}_{im}^+]\} \tag{6.4}$$

为最优理想效果向量，也称为靶心。

记 $\underline{M}_j^+ = \max\limits_{1 \leqslant i \leqslant n}\{|\underline{x}_{ij} - \underline{x}_{ij}^+|\}$，$\tilde{M}_j^+ = \max\limits_{1 \leqslant i \leqslant n}\{|\tilde{x}_{ij} - \tilde{x}_{ij}^+|\}$，$\bar{M}_j^+ = \max\limits_{1 \leqslant i \leqslant n}\{|\bar{x}_{ij} - \bar{x}_{ij}^+|\}$

则称

$$r_{ij}^+ = 1 - 0.5\left(\partial_1 \frac{|\underline{x}_{ij}^+ - \underline{x}_{ij}|}{\underline{M}_j^+} + \partial_2 \frac{|\tilde{x}_{ij}^+ - \tilde{x}_{ij}|}{\tilde{M}_j^+} + \partial_3 \frac{|\bar{x}_{ij}^+ - \bar{x}_{ij}|}{\bar{M}_j^+}\right) \tag{6.5}$$

为子因素 $x_{ij}(\otimes)$ 与最优理想效果向量 $x^+(\otimes)$ 在属性 b_j 下的灰色区间相对关联度系数，其中 $\sum\limits_{k=1}^{3} \partial_k = 1, 0 \leqslant \partial_k \leqslant 1$，$k=1, 2, 3$，$\partial_k$ 为决策偏好系数。由此可得灰关联系数矩阵：

$$r^+ = \begin{bmatrix} r_{11}^+ & r_{12}^+ & \cdots & r_{1m}^+ \\ r_{21}^+ & r_{22}^+ & \cdots & r_{2m}^+ \\ \cdots & \cdots & \ddots & \cdots \\ r_{n1}^+ & r_{n2}^+ & \cdots & r_{nm}^+ \end{bmatrix}$$

定义 6.2 记 r_{11}^+ 为子因素 $x_{ij}(\otimes)$ 与最优理想效果向量 $x^+(\otimes)$ 在属性 b_j 下的灰色相对关联系数，则称

$$I_j = -\beta \sum_{i=1}^{n} r_{ij}^+ \ln(r_{ij}^+), \ \beta = \frac{1}{\ln(nm)} \tag{6.6}$$

为方案在属性 b_j 下的灰色关联熵值。

定义 6.3 记 I_j 方案 a_i 在属性 b_j 下的关联熵值，则称

$$\omega_j = 1 - I_j \tag{6.7}$$

为属性 b_j 的权重。

对权重 ω_j 进行归一化计算 $\eta_j = \dfrac{\omega_j}{\sum\limits_{j=1}^{m} \omega_j}$，可得各目标的权重 η_j 且 $\sum\limits_{j=1}^{m} \eta_j = 1$。

定义 6.4 设 $x_i = \{x_{i1}, x_{i2}, \cdots, x_{im}\}$ 为方案 a_i 的效果评价向量，$x^+ = \{x_1^+, x_2^+, \cdots, x_m^+\}$ 为最优理想效果向量，则称

$$\varepsilon_i^+ = 3^{-\frac{1}{2}} \left\{ \sum_{j=1}^{m} \eta_k [(\underline{x}_{ij} - \underline{x}_{ij}^+)^2 + (\tilde{x}_{ij} - \tilde{x}_{ij}^+)^2 + (\bar{x}_{ij} - \bar{x}_{ij}^+)^2] \right\}^{\frac{1}{2}} \tag{6.8}$$

为方案 a_i 的效果向量在属性集下的靶心距。

根据 ε_i^+ 大小对方案优劣排序，ε_i^+ 越小，方案越优。

6.2.1.3 决策算法步骤

步骤 1 运用式（6.1）~（6.3）对非负三参数区间灰数评价矩阵进行规范化处理，得到各方案规范化的效果评价矩阵 $X = (x_{ij})'_{n\times m}$；

步骤 2 由式（6.4）求得靶心；

步骤 3 运用式（6.5）算出三参数灰色区间相对关联系数，继而得到关联矩阵 ξ；

步骤 4 由式（6.6）~（6.7）计算属性权重；

步骤 5 根据式（6.8）对决策对象进行排序并择优。

6.2.2 算例分析

设影响舰载机选型的主要参数有最大航速（u_1）、越海自由航程（u_2）、最大净载荷（u_3）、购置费（u_4）、可靠性（u_5）、机动灵活性（u_6）等 6 项，现有 4 种机型可供选择，因此因素集 $U = \{u_1, u_2, u_3, u_4, u_5, u_6\}$，备择集 $V = \{v_1, v_2, v_3, v_4\}$。

步骤 1 规范化后的三参数区间灰数评价矩阵 $X(\otimes) = (x_{ij}(\otimes))_{4\times 6} =$

$$\begin{vmatrix} [0.78,0.8,0.85] & [0.5,0.55,0.58] & [0.9,0.95,0.95] & [0.8,0.82,0.85] & [0.45,0.5,0.57] & [0.9,0.95,0.97] \\ [0.92,0.95,1.0] & [0.95,0.97,1.0] & [0.85,0.86,0.88] & [0.65,0.69,0.71] & [0.17,0.2,0.23] & [0.47,0.51,0.55] \\ [0.7,0.72,0.78] & [0.72,0.74,0.75] & [0.95,0.98,1.0] & [0.94,0.97,1.0] & [0.8,0.83,0.85] & [0.8,0.82,0.85] \\ [0.85,0.88,0.9] & [0.65,0.67,0.7] & [0.9,0.95,0.96] & [0.85,0.9,0.93] & [0.46,0.5,0.52] & [0.48,0.5,0.52] \end{vmatrix}$$

步骤2　由式（6.4）求得靶心为：

$z^+(\otimes)=([0.92, 0.95, 1.0]\ [0.95, 0.97, 1.0]\ [0.95, 0.98, 1.0]\ [0.94, 0.97, 1.0]\ [0.8, 0.83, 0.85]\ [0.9, 0.95, 0.97])$

步骤3　运用式（6.5）计算相对关联系数，得到关联矩阵：

$$r^+=\begin{bmatrix}0.6716 & 0.5000 & 0.8056 & 0.7440 & 0.7448 & 1.0000\\ 1.0000 & 1.0000 & 0.5000 & 0.5000 & 0.5000 & 0.5000\\ 0.5000 & 0.7243 & 1.0000 & 1.0000 & 1.0000 & 0.8644\\ 0.8205 & 0.6508 & 0.8194 & 0.8664 & 0.7340 & 0.4882\end{bmatrix}$$

步骤4　由式（6.6）计算方案在属性 b_j 下的关联熵值：

$$I_1=0.2243,\ I_2=0.2705,\ I_3=0.2152$$
$$I_4=0.2174,\ I_5=0.2495,\ I_6=0.2588$$

由式（6.7）计算得属性权重为：

$$\omega=(0.1678, 0.1858, 0.1479, 0.1493, 0.1714, 0.1778)$$

步骤5　利用式（6.8）求得各靶心距：

$$\varepsilon_1^+=0.2433,\ \varepsilon_2^+=0.3382,\ \varepsilon_3^+=0.1458,\ \varepsilon_4^+=0.2694$$

则方案优劣排序如下：

$$A_3>A_1>A_4>A_2$$

即 A_3 为最优方案。

本书的排序结果与罗党（2009）中的结果完全吻合，但本书的概念清晰，易于理解，公式简单，便于计算，因此本书的方法有一定的使用价值。

6.3　基于灰色前景关联的多属性决策模型

6.3.1　决策模型的构建

设方案集合为 $A=\{a_1, a_2, \cdots, a_n\}$，属性因素集合 $B=\{b_1, b_2, \cdots, b_m\}$，所以决策矩阵为 $S=\{u_{ij}=(a_i, b_j)\mid a_i\in A, b_j\in B\}$，记 $u_{ij}(i=1, 2, \cdots, n, j=1, 2, \cdots, m)$ 为方案 a_i 在属性 b_j 下的属性值，该属性值并非一个精确数，而是一个三参数区间灰数，因此方案 a_i 在属性 b_j 下的属性值记为 $u_{ij}\in[\underline{u}_{ij}, \tilde{u}_{ij}, \bar{u}_{ij}]\ (0\leqslant\underline{u}_{ij}\leqslant\tilde{u}_{ij}\leqslant\bar{u}_{ij}, i=1, 2, \cdots, n; j=1, 2, \cdots, m)$。

为了消除量纲和增加可比性，利用式（4.1）~（4.3）对数据进行规范化处理，因此可得规范化的决策矩 $X=(x_{ij}(\otimes))$，其中 $x_{ij}\in(\underline{x}_{ij},\tilde{x}_{ij},\bar{x}_{ij})$ 为 $[0,1]$ 上的三参数区间灰数，表示方案 a_i 在属性 b_j 下的效果评价信息。

定义 6.5 设 $x_j^-(\otimes)=\min\{(\underline{x}_{ij}+\tilde{x}_{ij}+\bar{x}_{ij})/3\mid 1\leqslant i\leqslant n\}$ $(j=1,2,\cdots,m)$，其对应的效果值记为 $[\underline{x}_{i1}^-,\tilde{x}_{i1}^-,\bar{x}_{i1}^-]$，称

$$x^-(\otimes)=\{x_1^-(\otimes),\cdots,x_m^-(\otimes)\}=\{[\underline{x}_{i1}^-,\tilde{x}_{i1}^-,\bar{x}_{i1}^-],[\underline{x}_{i1}^-,\tilde{x}_{i1}^-,\bar{x}_{i1}^-],\cdots,[\underline{x}_{i1}^-,\tilde{x}_{i1}^-,\bar{x}_{i1}^-]\}\tag{6.9}$$

为临界效果向量，也称为靶界点。

记 $\underline{M}_j^-=\max\limits_{1\leqslant i\leqslant n}\{|\underline{x}_{ij}-\underline{x}_{ij}^-|\}$，$\tilde{M}_j^-=\max\limits_{1\leqslant i\leqslant n}\{|\tilde{x}_{ij}-\tilde{x}_{ij}^-|\}$，$\bar{M}_j^-=\max\limits_{1\leqslant i\leqslant n}\{|\bar{x}_{ij}-\bar{x}_{ij}^-|\}$

则称

$$r_{ij}^-=1-0.5\left(\partial_1\frac{\underline{x}_{ij}-\underline{x}_{ij}^-}{\underline{M}_j^-}+\partial_2\frac{\tilde{x}_{ij}-\tilde{x}_{ij}^-}{\tilde{M}_j^-}+\partial_3\frac{\bar{x}_{ij}-\bar{x}_{ij}^-}{\bar{M}_j^-}\right)\tag{6.10}$$

为子因素 $x_i(\otimes)$ 与临界效果向量 $x^-(\otimes)$ 在属性 b_j 的灰色相对关联系数，其中 $\sum\limits_{k=1}^{3}\partial_k=1, 0\leqslant\partial_k\leqslant 1$，$k=1,2,3$，$\partial_k$ 为决策偏好系数。

在前景理论中，决策者在面临风险决策时，将根据参考点来衡量决策的收益和损失。在参考点上，人们更重视预期与结果的差距而不是结果本身。若以靶心为参考点，方案 a_i 劣于靶心，对于决策者而言是面临损失的；若以靶界点为参考点，方案 a_i 优于靶界点，对于决策者而言是面临收益的。

根据 Kaheman 和 Tversky（1979）中给出的价值函数，记方案 a_i 在各属性下对应的前景价值函数为：

$$v(x_{ij})=\begin{cases}(r_{ij}^-)^{\alpha} & \text{以靶界点为参考点}\\ -\theta(r_{ij}^+)^{\beta} & \text{以靶心为参考点}\end{cases}\tag{6.11}$$

其中，参数 α 和 β 分别表示收益和损失区域价值幂函数的凹凸程度，α、$\beta<1$ 表示敏感性递减；系数 θ 表示损失区域比收益区域更陡的特征，$\theta>1$ 表示损失厌恶。

由式（6.10），记方案 a_i 关于属性 b_j 的正灰色前景关联值为 $v^+(x_{ij})=(r_{ij}^-)^{\alpha}$，负灰色前景关联值为 $v^-(x_{ij})=-\theta(r_{ij}^+)^{\beta}$。由此可得到方案的正灰色前景关联矩阵和负灰色前景关联矩阵：

$$V^+=(v^+(x_{ij}))_{n\times m}$$

$$V^- = (v^-(x_{ij}))_{n\times m}$$

设属性权重为 $\omega=(\omega_1, \omega_2, \cdots, \omega_m)$ 且 $\sum\limits_{j=1}^{m}\omega_j^2=1$，根据 Kahneman 和 Tversky（1979）相关文献给出的前景权重函数，设决策者面临收益和损失时的前景权重函数分别为：

$$\pi^+(\omega_j)=\omega_j^{\gamma}/[\omega_j^{\gamma}+(1-\omega_j)^{\gamma}]^{1/\gamma}$$
$$\pi^-(\omega_j)=\omega_j^{\delta}/[\omega_j^{\delta}+(1-\omega_j)^{\delta}]^{1/\delta}$$

则方案 a_i 的综合前景值为正前景值与负前景值的和，即：

$$V_i=\sum_{j=1}^{m}v^+(x_{ij})\pi^+(\omega_j)+\sum_{j=1}^{m}v^-(x_{ij})\pi^-(\omega_j) \tag{6.12}$$

根据苏志欣，王理（2010）中前景价值函数的提出者 Tversky 等的研究结果，本书将前景效用价值函数和前景权重函数中的参数取为 $\alpha=\beta=0.88$，$\theta=2.25$，$\gamma=0.61$，$\delta=0.69$。

因各方案是公平竞争的，每一方案与靶心和靶界点的距离应来自同一组指标权系数向量，为此利用多目标规划方法构建优化模型。对于每个方案 a_i 而言，其综合前景值总是越大越好。因此可建立优化模型：

$$\mathrm{Max}V=\sum_{i=1}^{n}\sum_{j=1}^{m}v^+(x_{ij})\pi^+(\omega_j)+\sum_{i=1}^{n}\sum_{j=1}^{m}v^-(x_{ij})\pi^-(\omega_j) \tag{6.13}$$

$$s.t.\begin{cases}\sum\limits_{j=1}^{m}\omega_j=1,\ \omega_j\geqslant 0\\ a\leqslant\omega_j\leqslant b,\ a\leqslant b \text{ 且 } a、b\in[0,1]\end{cases}$$

求解上述模型，可得到属性权重向量的最优解 $w^*=(w_1^*, w_2^*, \cdots, w_s^*)$。

依据上述求解最优属性向量，由式（6.12）计算综合前景值的大小对方案进行排序，V_i 越大，就方案 a_i 越优。

决策算法步骤如下。

步骤1　运用式（6.1）~（6.3）对非负三参数区间灰数评价矩阵进行规范化处理，得到各方案规范化的效果评价矩阵 $X=(x_{ij})_{n\times m}$。

步骤2　由式（6.4）和式（6.9）求得最优理想效果向量与临界效果向量。

步骤3　由式（6.5）和式（6.10）计算子因素 $x_{ij}(\otimes)$ 与最优理想效果向量 $x^+(\otimes)$ 和临界效果评向量 $x^-(\otimes)$ 的灰色相对关联系数。

步骤4　由式（6.11）计算方案的前景价值函数，由此得到正、负灰色前景关联矩阵 V^+、V^-。

步骤5　由式（6.13）求解优化模型，得属性权重 ω_j^*。

步骤6　由式（6.12）计算方案的综合前景值，依据综合前景值的大小对方案进行排序，V_i 越大，就方案 a_i 越优。

6.3.2　算例分析

根据2005年某市现有公交线路网络，考虑到城市的发展，有关部门提出五种公交线网的优化调整方案，考察的指标有：线网日均满载率（b_1）、线网覆盖率（b_2）、线网重复系数（b_3）、乘客直达率（b_4）和乘客出行时间（b_5），因此指标集 $B=\{b_1, b_2, b_3, b_4, b_5\}$，方案集 $A=\{a_1, a_2, a_3, a_4, a_5\}$，决策者给出的不完全权重信息为：$0.15 \leqslant \omega_1 \leqslant 0.19$，$0.18 \leqslant \omega_2 \leqslant 0.22$，$0.14 \leqslant \omega_3 \leqslant 0.19$，$0.19 \leqslant \omega_4 \leqslant 0.25$，$0.21 \leqslant \omega_5 \leqslant 0.27$，试在这五种方案中选出一种最佳的优化方案。各方案对属性的考察值如表6-1所示。

表6-1　属性考察值

	b_1	b_2	b_3	b_4	b_5
a_1	[0.5, 0.6, 0.7]	[0.63, 0.65, 0.7]	[0.26, 0.28, 0.32]	[0.61, 0.63, 0.65]	[10, 12, 15]
a_2	[0.6, 0.7, 0.75]	[0.55, 0.62, 0.68]	[0.3, 0.33, 0.35]	[0.52, 0.53, 0.57]	[12, 18, 20]
a_3	[0.55, 0.6, 0.65]	[0.58, 0.63, 0.69]	[0.28, 0.32, 0.34]	[0.53, 0.54, 0.55]	[20, 22, 25]
a_4	[0.6, 0.65, 0.7]	[0.61, 0.67, 0.69]	[0.21, 0.23, 0.25]	[0.51, 0.55, 0.58]	[16, 18, 23]
a_5	[0.55, 0.65, 0.75]	[0.65, 0.68, 0.7]	[0.2, 0.25, 0.27]	[0.52, 0.53, 0.56]	[15, 17, 22]

步骤1　利用灰色极差变化对指标值进行规范化处理，则规范化后的三参数区间灰数评价矩阵为 $R(\otimes)=(x_{ij}(\otimes))_{5\times5}=$

$$\begin{vmatrix} [0.00,0.40,0.80] & [0.53,0.67,1.00] & [0.20,0.47,0.60] & [0.71,0.85,1.00] & [0.67,0.87,1.00] \\ [0.40,0.80,1.00] & [0.00,0.47,0.87] & [0.00,0.13,0.33] & [0.07,0.14,0.43] & [0.33,0.47,0.87] \\ [0.20,0.40,0.60] & [0.20,0.53,0.93] & [0.07,0.20,0.47] & [0.14,0.21,0.29] & [0.00,0.20,0.33] \\ [0.40,0.60,0.80] & [0.40,0.80,0.93] & [0.67,0.80,0.93] & [0.00,0.29,0.50] & [0.13,0.47,0.60] \\ [0.20,0.60,1.00] & [0.67,0.87,1.00] & [0.53,0.67,1.00] & [0.07,0.14,0.36] & [0.20,0.53,0.67] \end{vmatrix}$$

步骤2　由式（6.4）～（6.9）求得靶心与靶界点分别为：

$z^{+}(\otimes)=([0.4,0.8,1.0],[0.67,0.87,1.0],[0.67,0.8,0.93],[0.71,0.86,1.0],[0.67,0.87,1.0])$

$z^{-}(\otimes)=([0.2,0.4,0.6],[0.0,0.47,0.87],[0.0,0.13,0.33],[0.07,0.14,0.36],[0.0,0.2,0.33])$

步骤3　由式（6.5）和式（6.10）计算子因素 $x_i(\otimes)$ 与最优理想效果向

量 $x^{+}(\otimes)$ 和临界效果评向量 $x^{-}(\otimes)$ 的灰色相对关联系数：

$$r^{+}=\begin{bmatrix}0.5833 & 0.8833 & 0.7000 & 1.0000 & 1.0000\\ 1.0000 & 0.5000 & 0.5000 & 0.5500 & 0.7833\\ 0.5833 & 0.6611 & 0.5667 & 0.5500 & 0.5000\\ 0.8333 & 0.8222 & 0.9833 & 0.5833 & 0.6667\\ 0.8333 & 1.0000 & 0.9333 & 0.5333 & 0.7167\end{bmatrix}$$

$$r^{-}=\begin{bmatrix}0.7500 & 0.6167 & 0.8000 & 0.5000 & 0.5000\\ 0.5000 & 1.0000 & 1.0000 & 0.9815 & 0.7167\\ 1.0000 & 0.8389 & 0.9333 & 0.9463 & 1.0000\\ 0.6667 & 0.6778 & 0.5167 & 0.9111 & 0.8333\\ 0.7500 & 0.5000 & 0.5667 & 1.0000 & 0.7833\end{bmatrix}$$

步骤 4　由式（6.11）计算方案的前景价值函数，由此得到正、负灰色前景关联矩阵 V^{+}、V^{-}：

$$V^{+}=\begin{bmatrix}0.2952 & 0.4301 & 0.2426 & 0.5434 & 0.5434\\ 0.5434 & 0.0000 & 0.0000 & 0.0298 & 0.3296\\ 0.0000 & 0.2006 & 0.0923 & 0.0763 & 0.0000\\ 0.3803 & 0.3691 & 0.5274 & 0.1188 & 0.2066\\ 0.2952 & 0.5434 & 0.4791 & 0.0000 & 0.2603\end{bmatrix}$$

$$V^{-}=\begin{bmatrix}-1.0414 & -0.3397 & -0.7799 & 0.0000 & 0.0000\\ -0.0000 & -1.2225 & -1.2225 & -1.1143 & -0.5857\\ -1.0414 & -0.8682 & -1.0779 & -1.1143 & -1.2226\\ -0.4649 & -0.4921 & -0.0613 & -1.0414 & -0.8557\\ -0.4649 & -0.0000 & -0.2076 & -1.1506 & -0.7417\end{bmatrix}$$

步骤 5　由式（6.13）求解优化模型：

$$\max V=\sum_{i=1}^{4}\sum_{j=1}^{6}v^{+}(x_{ij})\pi^{+}(\omega_j)+\sum_{i=1}^{4}\sum_{j=1}^{6}v^{-}(x_{ij})\pi^{-}(\omega_j)$$

$$s.t.\begin{cases}0.15\leqslant\omega_1\leqslant0.19,\\ 0.18\leqslant\omega_2\leqslant0.22,\\ 0.14\leqslant\omega_3\leqslant0.19,\\ 0.19\leqslant\omega_4\leqslant0.25,\\ 0.21\leqslant\omega_5\leqslant0.27\\ \sum_{j=1}^{m}\omega_j=1,\ \omega_j\geqslant0\end{cases}$$

采用 LINGO11.0 求解上述模型，得到最优权重效果向量为：

$$\omega^* = (0.19, 0.22, 0.14, 0.19, 0.26)$$

步骤 6　由式（6.12）计算方案的正负前景值为：

$$V_1^+ = 0.5451, \ V_1^- = -0.5141$$
$$V_2^+ = 0.2435, \ V_2^- = -1.0407$$
$$V_3^+ = 0.0945, \ V_3^- = -1.3652$$
$$V_4^+ = 0.3999, \ V_4^- = -0.7793$$
$$V_5^+ = 0.4058, \ V_5^- = -0.6688$$

则方案的综合前景值为：

$$V_1 = 0.031, \ V_2 = -0.7972$$
$$V_3 = -1.2707, \ V_4 = -0.3794, \ V_5 = -0.263$$

则方案优劣排序如下

$$a_1 > a_5 > a_4 > a_2 > a_3$$

即 a_1 为最优方案，a_3 为最劣方案。

由案例分析可知，本书的排序结果与胡启洲、张卫华等（2007）中的结果不同，在胡启洲、张卫华等（2007）中 a_5 为最优方案，a_2 为最劣方案。由胡启洲、常玉林（2003）给出的城市公交线网的优化原则可知乘客直达率、乘客出行时间、在城市公交线网的优化中占据重要的地位，由本书建立的优化模型求得的二者的权重分别为 0.19、0.26，这二者的权重均大于或很接近于权重的平均值；线网覆盖率、线网日均满载率也是公交线路网络优化需要考虑的重点，由本书建立的优化模型求得的二者的权重分别为 0.22、0.19，而线网重复系数的权重为 0.14，这一结果与城市公交线网的优化原则相吻合。又由属性考察值表和属性的极性可知，在乘客直达率、乘客出行时间、线网覆盖率这三个属性下，方案 a_1 的属性值都是最优的，且该三个属性的权重也比较大，综合来考虑，本书得出方案 1 为最优方案，方案 3 为最劣方案，与实际更相符合。这说明在决策过程中如果没有考虑决策者的风险态度，就有可能得出与实际不符的结论。本书引入前景理论，考虑了决策者的风险态度，并由综合前景值构建了优化模型求解指标的客观权重，充分体现了主观与客观的有效结合。

6.4　本章小结

本章针对决策信息为三参数区间灰数的情况，从不同的侧面提出了两种灰色多属性决策方法：

（1）基于熵的多属性灰靶决策方法从三参数区间灰数的特点出发，首先定义了子因素 $x_{ij}(\otimes)$ 与最优理想效果评向量 x^{+}（$\otimes$）的灰色相对关联系数灰色相对关联度系数，提出了由相对灰关联系数确定属性取值的多属性灰色决策方法；其次基于熵的原理确定了各属性的客观权重，结合专家意见求得了属性的综合权重，根据方案的加权相离度对方案进行排序。

（2）基于灰色前景关联的多属性决策方法定义了子因素 $x_{ij}(\otimes)$ 与临界效果评向量 $x^{-}(\otimes)$ 的灰色相对关联系数，以正负靶心为参考点，构建了基于灰数相对关联系数的前景价值函数，得到了正负灰色前景关联矩阵；建立了方案综合前景值最大化的多属性优化模型求解最优权向量，最后以综合前景值确定方案的排序。

7　三参数区间灰数信息下的多目标灰靶决策方法

7.1　引言

灰靶决策作为一种解决多指标决策问题的新方法，自邓聚龙教授提出以来得到众多学者的关注。灰靶的思想是在一组模式序列中，找出最靠近目标值的数据构建标准模式，即为靶心，各模式与标准模式构成灰靶。然而已有的研究成果只是处理决策信息为实数或区间灰数的情况，而对三参数区间灰数信息下的灰靶决策方法的研究并不多见，本书通过构造在三参数区间灰数信息下的灰靶决策方法，从理论上和实践上加以验证，得到切实有效的决策方法，即：根据三参数区间灰数的特点，结合灰靶决策的优点，构建了三参数区间灰数信息下的多目标灰靶决策方法。首先，定义了三参数区间灰数的距离；其次，在此基础上，笔者分别对目标权重向量已知和目标权重向量未知两种情况进行了探讨；再次，给出了三参数区间灰数的加权靶心距决策方法、偏离靶心度决策方法和平方距决策方法，并给出了相应的决策算法；最后，应用实例说明了决策方法的实用性和有效性。

7.2　指标权重向量已知的灰靶决策方法

设方案集合为 $A=\{a_1, a_2, \cdots, a_n\}$，属性因素集合 $B=\{b_1, b_2, \cdots, b_m\}$，则决策矩阵为 $S=\{u_{ij}=(a_i, b_j) \mid a_i \in A, b_j \in B\}$，记 $u_{ij}(i=1, 2, \cdots, n, j=1, 2, \cdots, m)$ 为方案 a_i 在属性 b_j 下的属性值。该属性值并非一个精确数，

而是一个三参数区间灰数，因此方案 a_i 在属性 b_j 下的属性值记为 $u_{ij} \in [\underline{u}_{ij}, \tilde{u}_{ij}, \bar{u}_{ij}]$ $(0 \leqslant \underline{u}_{ij} \leqslant \tilde{u}_{ij} \leqslant \bar{u}_{ij}, i = 1, 2, \cdots, n; j = 1, 2, \cdots, m)$，则方案 a_i 的效果评价向量记为

$$u_i = (u_{i1}(\otimes), u_{i2}(\otimes), \cdots, u_{im}(\otimes))$$

为了消除量纲和增加可比性，利用式（4.1）~式（4.3）对数据进行规范化处理，因此可得规范化的决策矩阵 $X = (X_{ij}(\otimes))$，其中 $x_{ij} \in (\underline{x}_{ij}, \tilde{x}_{ij}, \bar{x}_{ij})$ 为［0，1］上的三参数区间灰数，表示方案 a_i 在属性 b_j 下的效果评价信息。

7.2.1 加权灰靶决策方法

7.2.1.1 决策模型的构建

定义 7.1 设 $x_j^+ = \{\max \underline{x}_{ij}, \max \tilde{x}_{ij}, \max \bar{x}_{ij} \mid 1 \leqslant i \leqslant n\}$，$(j=1, 2, \cdots, m)$，其对应的效果值记为 $[\underline{x}_{ij}^+, \tilde{x}_{ij}^+ \bar{x}_{ij}^+]$，称

$$x^+ = \{[\underline{x}_{i1}^+, \tilde{x}_{i1}^+, \bar{x}_{i1}^+], [\underline{x}_{i2}^+, \tilde{x}_{i2}^+, \bar{x}_{i2}^+], \cdots, [\underline{x}_{im}^+, \tilde{x}_{im}^+, \bar{x}_{im}^+]\}$$

为最优理想效果向量，也称为靶心。

通过统计方法确定每一个目标的权重，设目标权重向量为：

$$\omega = (\omega_1, \omega_{2,\ldots}, \omega_m), \ \omega_1 + \omega_2 + \cdots + \omega_m = 1, \ \omega_j \geqslant 0, \ j = 1, 2, \cdots, m$$

定义 7.2 设 $x_i = ([\underline{x}_{i1}, \tilde{x}_{i1}, \bar{x}_{i1}], [\underline{x}_{i2}, \tilde{x}_{i2}, \bar{x}_{i2}], \cdots, [\underline{x}_{im}, \tilde{x}_{im}, \bar{x}_{im}])$，$(i=1, 2, \cdots, n)$，则称

$$\varepsilon_i^+ = |x_i - x^+| = 3^{-\frac{1}{2}} \left\{ \sum_{j=1}^{m} \sum_{i=1}^{n} \omega_j [(\underline{x}_{ij} - \underline{x}_{ij}^+)^2 + (\tilde{x}_{ij} - \tilde{x}_{ij}^+)^2 + (\bar{x}_{ij} - \bar{x}_{ij}^+)^2] \right\}^{\frac{1}{2}} \tag{7.1}$$

为各个加权决策方案的靶心距。加权决策方案的靶心距 ε_i^+ 越小，方案 A_i 越优。

7.2.1.2 决策算法步骤

步骤 1 运用式（4.1）~（4.3）对非负三参数区间灰数评价矩阵进行规范化处理，得到各个方案规范化的效果评价矩阵 $X = (r_{ij})_{n \times m}$。

步骤 2 对规范化的效果评价矩阵 E 选取最优效果向量 x^+，即靶心。

步骤 3 通过统计方法确定各目标权重向量。

步骤 4 利用式（7.1）求出效果向量 x_i 的靶心距 $\varepsilon_i^+ (i = 1, 2, \cdots, n)$，方案 x_i 根据 ε_i^+ 的大小进行排序，最小的为最优，即可得到最优化方案。

7.2.1.3 算例分析

设影响舰载机选型的主要参数有最大航速（u_1）、越海自由航程（u_2）、最大净载荷（u_3）、购置费（u_4）、可靠性（u_5）、机动灵活性（u_6）等6项，现有4种机型可供选择，因此因素集 $U = \{u_1, u_2, u_3, u_4, u_5, u_6\}$，备择集 $V = \{v_1, v_2, v_3, v_4\}$。请多位专家分别给出权重集和评价矩阵，然后统计计算，最后得到归一化的目标权重向量：

$$w = (w_1, w_2, w_3, w_4, w_5, w_6) = (0.17, 0.12, 0.13, 0.13, 0.21, 0.24)$$

步骤1 规范化后的三参数区间灰数评价矩阵 $X(\otimes) = (x_{ij}(\otimes))_{4\times6} =$

$$\begin{vmatrix} [0.78,0.8,0.85] & [0.5,0.55,0.58] & [0.9,0.95,0.95] & [0.8,0.82,0.85] & [0.45,0.5,0.57] & [0.9,0.95,0.97] \\ [0.92,0.95,1.0] & [0.95,0.97,1.0] & [0.85,0.86,0.88] & [0.65,0.69,0.71] & [0.17,0.2,0.23] & [0.47,0.51,0.55] \\ [0.7,0.72,0.78] & [0.72,0.74,0.75] & [0.95,0.98,1.0] & [0.94,0.97,1.0] & [0.8,0.83,0.85] & [0.8,0.82,0.85] \\ [0.85,0.88,0.9] & [0.65,0.67,0.7] & [0.9,0.95,0.96] & [0.85,0.9,0.93] & [0.46,0.5,0.52] & [0.48,0.5,0.52] \end{vmatrix}$$

步骤2 对规范化的效果评价矩阵 E 选取最优效果向量：

$x^+ = [[0.92, 0.95, 1.0]\ [0.95, 0.97, 1.0]\ [0.95, 0.98, 1.0]\ [0.94, 0.97, 1.0]\ [0.8, 0.83, 0.85]\ [0.9, 0.95, 0.97]]$

步骤3 通过统计方法确定各目标权重向量为：

$$\omega = (\omega_1, \omega_2, \omega_3, \omega_4, \omega_5, \omega_6) = (0.17, 0.12, 0.13, 0.13, 0.21, 0.24)$$

步骤4 利用式（7.1）求出效果向量 x_i 的靶心距，得到各方案靶心距为：

$$\varepsilon_1^+ = 0.224975,\ \varepsilon_2^+ = 0.37314,\ \varepsilon_3^+ = 0.136084,\ \varepsilon_4^+ = 0.287688$$

则方案优劣排序如下：

$$A_2 < A_4 < A_1 < A_3$$

则机型 A_3 为最优排序机型，与罗党（2009）中的结果基本一致。

7.2.2 偏离靶心度灰靶决策方法

7.2.2.1 决策模型的构建

设通过统计方法确定每一个目标的权重，设目标权重向量为 $\omega = (\omega_1, \omega_2, \cdots, \omega_m)$，$\omega_1 + \omega_2 + \cdots + \omega_m = 1$，$\omega_j \geqslant 0$，$j = 1, 2, \cdots, m$。

定义 7.3 设 $x_j^- = \{\min \underline{x}_{ij}, \min \tilde{x}_{ij}, \min \bar{x}_{ij} \mid 1 \leqslant i \leqslant n\}$，$(j = 1, 2, \cdots, m)$，其对应的效果值记为 $[\underline{x}_{ij}^-, x_{ij}^-, \bar{x}_{ij}^-]$，称

$$x^- = \{[\underline{x}_{i1}^-, \tilde{x}_{i1}^-, \bar{x}_{i1}^-], [\underline{x}_{i2}^-, \tilde{x}_{i2}^-, \bar{x}_{i2}^-], \cdots, [\underline{x}_{im}^-, \tilde{x}_{im}^-, \bar{x}_{im}^-]\}$$

为最劣效果向量，即靶界点。

定义 7.4 设 $x_i = ([\underline{x}_{i1}, \tilde{x}_{i1}, \bar{x}_{i1}], [\underline{x}_{i2}, \tilde{x}_{i2}, \bar{x}_{i2}], \cdots, [\underline{x}_{im}, \tilde{x}_{im}, \bar{x}_{im}])$，$(i = 1, 2, \cdots, n)$，则称

$$\varepsilon_i^- = | x_i - x^- | = 3^{-\frac{1}{2}} \left\{ \sum_{j=1}^{m} \sum_{i=1}^{n} \omega_j [(\underline{x}_{ij} - \underline{x}_{ij}^+)^2 + (\tilde{x}_{ij} - \tilde{x}_{ij}^+)^2 + (\bar{x}_{ij} - \bar{x}_{ij}^+)^2] \right\}^{\frac{1}{2}} \tag{7.2}$$

为各加权决策方案的负靶心距。

定义 7.5 称

$$s_i = \frac{\varepsilon_i^+}{\varepsilon_i^+ + \varepsilon_i^-} \tag{7.3}$$

为各个加权决策方案的偏离靶心度。s_i 越小，方案 A_i 越优。

7.2.2.2 决策算法步骤

步骤 1 运用式（4.1）~（4.3）对非负三参数区间灰数评价矩阵进行规范化处理，得到各个方案规范化的效果评价矩阵 $X = (r_{ij})_{n \times m}$。

步骤 2 对规范化的效果评价矩阵 E 选取最劣效果向量 x^-，即靶界点。

步骤 3 通过统计方法确定各个指标的权重向量。

步骤 4 利用式（7.1）~式（7.3）计算出各方案的偏离靶心度 s_i，根据 s_i 的大小，对方案 x_i 进行排序，偏离靶心度最小的为最优。

7.2.2.3 算例分析

设影响舰载机选型的主要参数有最大航速（u_1）、越海自由航程（u_2）、最大净载荷（u_3）、购置费（u_4）、可靠性（u_5）、机动灵活性（u_6）等 6 项，现有 4 种机型可供选择，因此因素集 $U = \{u_1, u_2, u_3, u_4, u_5, u_6\}$，备择集 $V = \{v_1, v_2, v_3, v_4\}$。请多位专家分别给出权重集和评价矩阵，然后统计计算，最后得到归一化的目标权重向量：

$w = (w_1, w_2, w_3, w_4, w_5, w_6) = (0.17, 0.12, 0.13, 0.13, 0.21, 0.24)$。

步骤 1 规范化后的三参数区间灰数评价矩阵 $X(\otimes) = (x_{ij}(\otimes))_{4 \times 6} =$

$$\begin{vmatrix} [0.78,0.8,0.85] & [0.5,0.55,0.58] & [0.9,0.95,0.95] & [0.8,0.82,0.85] & [0.45,0.5,0.57] & [0.9,0.95,0.97] \\ [0.92,0.95,1.0] & [0.95,0.97,1.0] & [0.85,0.86,0.88] & [0.65,0.69,0.71] & [0.17,0.2,0.23] & [0.47,0.51,0.55] \\ [0.7,0.72,0.78] & [0.72,0.74,0.75] & [0.95,0.98,1.0] & [0.94,0.97,1.0] & [0.8,0.83,0.85] & [0.8,0.82,0.85] \\ [0.85,0.88,0.9] & [0.65,0.67,0.7] & [0.9,0.95,0.96] & [0.85,0.9,0.93] & [0.46,0.5,0.52] & [0.48,0.5,0.52] \end{vmatrix}$$

步骤 2 运用定义 7.3 得出最劣效果向量为：

$x^- =[[0.7, 0.72, 0.78]\ [0.5, 0.55, 0.58]\ [0.85, 0.86, 0.88]\ [0.65, 0.69, 0.71]\ [0.17, 0.2, 0.23]\ [0.47, 0.5, 0.52]]$

步骤 3 通过统计方法确定各指标权重向量为：

$$\omega = (\omega_1, \omega_2, \omega_3, \omega_4, \omega_5, \omega_6) = (0.17, 0.12, 0.13, 0.13, 0.21, 0.24)$$

步骤 4 由目标权重已知的偏离靶心度决策方法求解，得各方案的偏离靶心度为：

$$s_1 = 0.457264, s_2 = 0.680207,$$

$$s_3 = 0.277934, s_4 = 0.623596$$

则方案优劣排序如下：

$$A_2 < A_1 < A_4 < A_3$$

则机型 A_3 为最优排序机型，与罗党（2009）中的结果基本一致。

7.3 指标权重向量未知的灰靶决策方法

设方案集合为 $A=\{a_1, a_2, \cdots, a_n\}$，属性因素集合 $B=\{b_1, b_2, \cdots, b_m\}$，所以决策矩阵为 $S=\{u_{ij}=(a_i, b_j) \mid a_i \in A, b_j \in B\}$，$u_{ij}(i=1, 2, \cdots, n, j=1, 2, \cdots, m)$ 为方案 a_i 在属性 b_j 下的属性值。该属性值并非一个精确数，而是一个三参数区间灰数，因此方案 a_i 在属性 b_j 下的属性值记为 $u_{ij} \in [\underline{u}_{ij}, \tilde{u}_{ij}, \bar{u}_{ij}]$ $(0 \leqslant \underline{u}_{ij} \leqslant \tilde{u}_{ij} \leqslant \bar{u}_{ij}, i=1, 2, \cdots, n; j=1, 2, \cdots, m)$，则方案 a_i 的效果评价向量记为 $u_i=(u_{i1}(\otimes), u_{i2}(\otimes), \cdots, u_{im}(\otimes))$。为了消除量纲和增加可比性，利用式（4.1）~（4.3）对数据进行规范化处理，则得到规范化的决策矩阵 $X=(r_{ij})_{n\times m}$，其中 $x_{ij} \in (\underline{x}_{ij}, \tilde{x}_{ij}, \bar{x}_{ij})$ 为 $[0, 1]$ 上的三参数区间灰数，表示方案 a_i 在属性 b_j 下的效果评价信息。

7.3.1 加权灰靶决策方法

7.3.1.1 决策模型的构建

设每一个目标的未知权重向量满足 $w=(w_1, w_{2,\cdots}, w_m)$，$w_1^2+w_2^2+\cdots+w_m^2=1$，$w_j \geqslant 0$，$j=1, 2, \cdots, m$。根据靶心距最优原理，即要求所有方案的靶心距最小的

为最优。因此构造如下多目标灰靶决策最优化模型：

$$\begin{cases} \text{Min}\ \frac{1}{3}(\varepsilon^+)2 = \sum_{j=1}^{m}\sum_{i=1}^{n} w_j[(\underline{x}_{ij} - \underline{x}_{ij}^+)^2 + (\tilde{x}_{ij} - \tilde{x}_{ij}^+)^2 + (\bar{x}_{ij} - \bar{x}_{ij}^+)^2] \\ s.t.\ \sum_{j=1}^{m} w_j^2 = 1,\ w_j \geqslant 0,\ (j = 1,\ 2,\ \cdots,\ m) \end{cases} \tag{7.4}$$

解此优化模型，作拉格朗日函数：

$$L(w,\ \xi) = \sum_{j=1}^{m}\sum_{i=1}^{n} w_j[(\underline{x}_{ij} - \underline{x}_{ij}^+)^2 + (\tilde{x}_{ij} - \tilde{x}_{ij}^+)^2 + (\bar{x}_{ij} - \bar{x}_{ij}^+)^2] + \frac{1}{2}\xi(\sum_{j=1}^{m} w_j^2 - 1)$$

求偏导数，并令

$$\frac{\partial L}{\partial w_j} = \sum_{i=1}^{n}[(\underline{x}_{ij} - \underline{x}_{ij}^+)^2 + (\tilde{x}_{ij} - \tilde{x}_{ij}^+)^2 + (\bar{x}_{ij} - \bar{x}_{ij}^+)^2] + w_j\xi = 0$$

$$\frac{\partial L}{\partial \xi} = \sum_{j=1}^{m} w_j^2 - 1 = 0$$

得最优解：

$$w_j^* = \frac{(\underline{x}_{ij} - \underline{x}_{ij}^+)^2 + (\tilde{x}_{ij} - \tilde{x}_{ij}^+)^2 + (\bar{x}_{ij} - \bar{x}_{ij}^+)^2}{\left\{\sum_{j=1}^{m}[(\underline{x}_{ij} - \underline{x}_{ij}^+)^2 + (\tilde{x}_{ij} - \tilde{x}_{ij}^+)^2 + (\bar{x}_{ij} - \bar{x}_{ij}^+)^2]^2\right\}^{\frac{1}{2}}}(j = 1,\ 2,\ \cdots,\ m)$$

对 w_j^* 进行归一化处理，令：

$$\eta_j = \frac{w_j^*}{\sum_{j=1}^{m} w_j^*},\ (j = 1,\ 2,\ \cdots,\ m)$$

即 $\boldsymbol{\eta} = (\eta_1,\ \eta_2,\ \dots,\ \eta_m)$，$\eta_1 + \eta_2 + \cdots + \eta_m = 1$，$\eta_j \geqslant 0$，$j = 1,\ 2,\ \cdots,\ m$。求出多目标最优权重向量 $\boldsymbol{\eta}$ 之后，代入式（7.1）算出各方案的加权靶心距 ε_i^+，根据 ε_i^+ 的大小对方案 x_i 进行排序。靶心距最小的为最优，即可得到最优化方案。

7.3.1.2 决策算法步骤

步骤1 运用式（4.1）~（4.3）对非负三参数区间灰数评价矩阵进行规范化处理，得到各方案规范化的效果评价矩阵 $X = (r_{ij})_{n \times m}$。

步骤2 对规范化的效果评价矩阵 E 选取最优效果向量。

步骤3 构造多目标灰靶决策最优化模型见式（7.6），求出归一化权重 η_j。

步骤4 运用式（7.1）求出向量 x_i 的靶心距 $\varepsilon_i^+(i = 1,\ 2,\ \cdots,\ n)$，根据 ε_i^+ 的大小，对方案 x_i 按从小到大的顺序排列，靶心距最小的为最优。

7.3.1.3 算例分析

设影响舰载机选型的主要参数有最大航速（u_1）、越海自由航程（u_2）、最大净载荷（u_3）、购置费（u_4）、可靠性（u_5）、机动灵活性（u_6）六项，现有四种机型可供选择，因此因素集 $U=\{u_1, u_2, u_3, u_4, u_5, u_6\}$，备择集 $V=\{v_1, v_2, v_3, v_4\}$。

步骤 1　规范化后的三参数区间灰数评价矩阵 $X(\otimes)=(x_{ij}(\otimes))_{4\times 6}=$

$$\begin{vmatrix} [0.78,0.8,0.85] & [0.5,0.55,0.58] & [0.9,0.95,0.95] & [0.8,0.82,0.85] & [0.45,0.5,0.57] & [0.9,0.95,0.97] \\ [0.92,0.95,1.0] & [0.95,0.97,1.0] & [0.85,0.86,0.88] & [0.65,0.69,0.71] & [0.17,0.2,0.23] & [0.47,0.51,0.55] \\ [0.7,0.72,0.78] & [0.72,0.74,0.75] & [0.95,0.98,1.0] & [0.94,0.97,1.0] & [0.8,0.83,0.85] & [0.8,0.82,0.85] \\ [0.85,0.88,0.9] & [0.65,0.67,0.7] & [0.9,0.95,0.96] & [0.85,0.9,0.93] & [0.46,0.5,0.52] & [0.48,0.5,0.52] \end{vmatrix}$$

步骤 2　对规范化的效果评价矩阵 E 选取最优效果向量：

$x^{+}=[[0.92,\ 0.95,\ 1.0]\ [0.95,\ 0.97,\ 1.0]\ [0.95,\ 0.98,\ 1.0]\ [0.94,\ 0.97,\ 1.0]\ [0.8,\ 0.83,\ 0.85]\ [0.9,\ 0.95,\ 0.97]]$

步骤 3　求解（7.4）式，得到多指标权重为：

$\eta_1=0.17$，$\eta_2=0.12$，$\eta_3=0.13$，$\eta_4=0.13$，$\eta_5=0.21$，$\eta_6=0.24$

步骤 4　由（7.1）式得各方案靶心距为：

$$\varepsilon_1^{+}=0.224975,\ \varepsilon_2^{+}=0.37314$$
$$\varepsilon_3^{+}=0.136084,\ \varepsilon_4^{+}=0.136084$$

得方案优劣排序如下：

$$A_2<A_1<A_4<A_3$$

则机型 A_3 为最优排序机型，与罗党（2009）中的结果基本一致。

7.3.2 平方距灰靶决策方法

7.3.2.1 决策模型的构建

设每一个目标的未知权重向量满足 $w=(w_1, w_2, \dots, w_m)$，$w_1^2+w_2^2+\cdots+w_m^2=1$，$w_j\geqslant 0$，$j=1, 2, \cdots, m$。

定义 7.6　设三参数区间灰数 $A=[\underline{a}_1, \tilde{a}_2, \bar{a}_3]$，$B=[\underline{b}_1, \tilde{b}_2, \bar{b}_3]$，则称

$$d(A, B)=(\underline{a}_1-\underline{b}_1)^2+(\tilde{a}_2-\tilde{b}_2)^2+(\bar{a}_3-\bar{b}_3)^2$$

为三参数区间灰数 A 和 B 的平方距。

因此，三参数区间灰数 A 和 B 的平方距与三参数区间灰数 A 和 B 的距离之间有如下关系：

$$3[L(A, B)]^2 = d(A, B)$$

对于指标 b_j，若方案 x_i 与其他所有方案之间平方距的和用 $D_{ij}(\mu)$ 表示，则：

$$D_{ij}(\mu) = \sum_{k=1}^{n} d(x_{ij}, x_{kj})\mu_j,\ D_j(\mu) = \sum_{i=1}^{n} D_{ij}(\mu) = \sum_{i=1}^{n}\sum_{k=1}^{n} d(x_{ij}, x_{kj})\mu_j$$

对于目标 b_j，$D_j(\mu)$ 表示所有方案与其他方案的总平方距的和。指标权重向量 μ 的选取应使所有目标对所有方案的总平方距的和最小。因此，构造式（7.5）多目标灰靶决策最优化模型：

$$\begin{cases} \mathrm{Min}D(\mu) = \sum_{j=1}^{m} D_j(\mu) = \sum_{i=1}^{n}\sum_{j=1}^{m}\sum_{k=1}^{n} d(x_{ij}, x_{kj})\mu_j \\ s.t. \sum_{j=1}^{m}\mu_j^2 = 1,\ \mu_j \geq 0,\ (j = 1, 2, \cdots, m) \end{cases} \tag{7.5}$$

解此优化模型，作拉格朗日函数：

$$D(\mu, \xi) = \sum_{i=1}^{n}\sum_{j=1}^{m}\sum_{k=1}^{n}\mu_j[(\underline{x}_{ij} - \underline{x}_{ik})^2 + (\tilde{x}_{ij} - \tilde{x}_{ik})^2 + (\bar{x}_{ij} - \bar{x}_{ik})^2] + \frac{1}{2}\xi(\sum_{j=1}^{m}\mu_j^2 - 1)$$

求偏导数，并令

$$\frac{\partial D}{\partial \mu_j} = \sum_{j=1}^{m}\sum_{i=1}^{n}[(\underline{x}_{ij} - \underline{x}_{ik})^2 + (\tilde{x}_{ij} - \tilde{x}_{ik})^2 + (\bar{x}_{ij} - \bar{x}_{ik})^2] + w_j\xi = 0$$

$$\frac{\partial D}{\partial \xi} = \sum_{j=1}^{m} w_j^2 - 1 = 0$$

得最优解：

$$\mu_j^* = \frac{\sum_{i=1}^{n}\sum_{k=1}^{n}(\underline{x}_{ij} - \underline{x}_{ik})^2 + (\tilde{x}_{ij} - \tilde{x}_{ik})^2 + (\bar{x}_{ij} - \bar{x}_{ik})^2}{\sqrt{\sum_{j=1}^{m}\sum_{i=1}^{n}\sum_{k=1}^{n}[(\underline{x}_{ij} - \underline{x}_{ik})^2 + (\tilde{x}_{ij} - \tilde{x}_{ik})^2 + (\bar{x}_{ij} - \bar{x}_{ik})^2]^2}},\ (i = 1, 2, \cdots, n)$$

为了与人们的习惯用法相一致，对 μ_j^* 进行归一化处理，令：

$$\varphi_j = \frac{\mu_j^*}{\sum_{j=1}^{m}\mu_j^*},\ (j = 1, 2, \cdots, m)$$

即，$\varphi = (\varphi_1, \varphi_2, \ldots, \varphi_m)$，$\varphi_1 + \varphi_2 + \cdots + \varphi_m = 1$，$\varphi_j \geq 0$，$j = 1, 2, \cdots, m$。

在求出目标的最优权重向量 φ 之后，利用式（7.1）求出效果向量 x_i 的靶心距。按照靶心距的大小对方案进行排序，最小的为最优。

7.3.2.2 决策算法步骤

步骤1 运用式（4.1）~式（4.3）对非负三参数区间灰数评价矩阵进行规范化处理，得到各方案规范化的效果评价矩阵 $X=(r_{ij})_{n\times m}$。

步骤2 对规范化的效果评价矩阵 E 选取最优效果向量 x^+，即靶心。

步骤3 运用三参数区间灰数平方距最小原理，构造多目标灰靶决策最优化模型如式（7.5），求出归一化权重 φ_j。

步骤4 利用式（7.1）求出效果向量 x_i 的靶心距 β_i^+，$(i=1, 2, \cdots, n)$，根据 β_i^+ 的大小，x_i 按从小到大的顺序排列，即可得到各方案的最优排序靶心距，最小的为最优。

7.3.2.3 算例分析

设影响舰载机选型的主要参数有最大航速（u_1）、越海自由航程（u_2）、最大净载荷（u_3）、购置费（u_4）、可靠性（u_5）、机动灵活性（u_6）六项，现有四种机型可供选择，因此因素集 $U=\{u_1, u_2, u_3, u_4, u_5, u_6\}$，备择集 $V=\{v_1, v_2, v_3, v_4\}$。

步骤1 规范化后的三参数区间灰数评价矩阵 $X(\otimes)=(x_{ij}(\otimes))_{4\times 6}=$

$$\begin{vmatrix} [0.78,0.8,0.85] & [0.5,0.55,0.58] & [0.9,0.95,0.95] & [0.8,0.82,0.85] & [0.45,0.5,0.57] & [0.9,0.95,0.97] \\ [0.92,0.95,1.0] & [0.95,0.97,1.0] & [0.85,0.86,0.88] & [0.65,0.69,0.71] & [0.17,0.2,0.23] & [0.47,0.51,0.55] \\ [0.7,0.72,0.78] & [0.72,0.74,0.75] & [0.95,0.98,1.0] & [0.94,0.97,1.0] & [0.8,0.83,0.85] & [0.8,0.82,0.85] \\ [0.85,0.88,0.9] & [0.65,0.67,0.7] & [0.9,0.95,0.96] & [0.85,0.9,0.93] & [0.46,0.5,0.52] & [0.48,0.5,0.52] \end{vmatrix}$$

步骤2 对规范化的效果评价矩阵 E 选取最优效果向量：

$x^+=[[0.92, 0.95, 1.0]\ [0.95, 0.97, 1.0]\ [0.95, 0.98, 1.0]\ [0.94, 0.97, 1.0]\ [0.8, 0.83, 0.85]\ [0.9, 0.95, 0.97]]$

步骤3 对目标权重未知的灰靶决策（7.5）式求解，得到多目标权重为：

$$\mu_1=0.049986,\ \mu_2=0.17871,\ \mu_3=0.044211$$

$$\mu_4=0.360545,\ \mu_5=0.316562,\ \mu_6=0.049986$$

步骤4 代入（7.1）式得各方案靶心距为：

$$\beta_1^+=0.086338,\ \beta_2^+=0.265651,\ \beta_3^+=0.01942,\ \beta_4^+=0.129942$$

得到如下最优排序方案：

$$A_2<A_1<A_4<A_3$$

则机型 A_3 为最优排序机型，与罗党（2009）中的结果基本一致。

7.4 基于靶心距的多属性灰靶决策方法

设方案集合为 $A=\{a_1, a_2, \cdots, a_n\}$，属性因素集合 $B=\{b_1, b_2, \cdots, b_m\}$，则决策矩阵为 $S=\{u_{ij}=(a_i, b_j) \mid a_i \in A, b_j \in B\}$，记 u_{ij} $(i=1, 2, \cdots, n, j=1, 2, \cdots, m)$ 为方案 a_i 在属性 b_j 下的属性值。该属性值并非一个精确数，而是一个三参数区间灰数，因此方案 a_i 在属性 b_j 下的属性值记为 $u_{ij} \in [\underline{u}_{ij}, \tilde{u}_{ij}, \bar{u}_{ij}]$ $(0 \leqslant \underline{u}_{ij} \leqslant \tilde{u}_{ij} \leqslant \bar{u}_{ij}, i=1, 2, \cdots, n; j=1, 2, \cdots, m)$。则方案 a_i 的效果评价向量记为 $u_i=(u_{i1}(\otimes), u_{i2}(\otimes), \cdots, u_{im}(\otimes))$。为了消除量纲和增加可比性，利用式（4.1）~（4.3）对数据进行规范化处理，因此可得规范化的决策矩阵 $X=(X_{ij}(\otimes))_{n\times m}$，其中 $x_{ij} \in (\underline{x}_{ij}, \tilde{x}_{ij}, \bar{x}_{ij})$ 为 $[0, 1]$ 上的三参数区间灰数，表示方案 a_i 在属性 b_j 下的效果评价信息。

7.4.1 基于正靶心距的灰靶决策模型

7.4.1.1 指标权重的确定

在决策问题中，对于事件而言，不同的对策之间具有平行性，而决策目标之间则不具有平行性。因此不同的目标对于不同方案的作用不同，又由于不同的决策者对不同目标的主观差异性，也会导致目标权重的差异。主观赋权法确定权重，虽然反映了决策者的意向和偏好，但是无法克服主观随意性较大的缺陷；客观赋权法确定权重虽然通常利用完善的数学理论，但忽视了决策者的主观信息，因此为了得到一个更为客观实际的综合权重，本书将主观赋权法和客观赋权法进行集成，使决策更加公正、科学。

设 $\omega=(\omega_1^0, \omega_2^0, \cdots, \omega_m^0)$ 为采用层次分析法或专家评价法，根据决策者的意向和偏好给出的指标权重。

运用主观赋权法，可以构造下列优化模型：

$$\mathrm{Min} M' = \sum_{j=1}^{m} (\omega_j - \omega_j^0)^2$$

$$s.t. \sum_{j=1}^{m} \omega_j = 1, \ \omega_j \geqslant 0, \ (j=1, 2, \cdots, m)$$

该模型是想找出一个权重向量 $\omega=(\omega_1, \omega_2, \cdots, \omega_m)$，使属性权重 $\omega_j(j=1, 2, \cdots, m)$ 与采用层次分析法或专家评价法给出的权重 $\omega_j^0(j=1, 2, \cdots, m)$ 之间的总偏差平方和 M' 最小。

运用客观赋权法，可以构造下列最优化模型：

$$\text{Min}M''=\sum_{i=1}^{n}\sum_{j=1}^{m}\omega_j^2[(\underline{x}_{ij}-\underline{x}_{ij}^+)^2+(\tilde{x}_{ij}-\tilde{x}_{ij}^+)^2+(\bar{x}_{ij}-\bar{x}_{ij}^+)^2]$$

$$s.t.\sum_{j=1}^{m}\omega_j=1,\ \omega_j\geqslant 0,\ (j=1, 2, \cdots, m)$$

该模型是想找出一个权重向量 $\omega=(\omega_1, \omega_2, \cdots, \omega_m)$，使各方案与最优效果向量之间的偏差平方和 M'' 最小。

为了使目标权重同时含有主观信息与客观信息，可以将两目标最优化模型转化为等价的单目标最优化模型：

$$\text{Min}M=\alpha\sum_{j=1}^{m}(\omega_j-\omega_j^0)^2+\beta\sum_{i=1}^{n}\sum_{j=1}^{m}\omega_j^2[(\underline{x}_{ij}-\underline{x}_{ij}^+)^2+(\tilde{x}_{ij}-\tilde{x}_{ij}^+)^2+(\bar{x}_{ij}-\bar{x}_{ij}^+)^2]$$

$$s.t.\sum_{j=1}^{m}\omega_j=1,\ \omega_j\geqslant 0,\ (j=1, 2, \cdots, m)$$

其中，α、β 表示相对重要程度，且 $\alpha+\beta=1$，α、$\beta>0$。解此优化模型，作拉格朗日函数：

$$\text{Min}M=\alpha\sum_{j=1}^{m}(\omega_j-\omega_j^0)^2+\beta\sum_{i=1}^{n}\sum_{j=1}^{m}\omega_j^2\begin{bmatrix}(\underline{x}_{ij}-\underline{x}_{ij}^+)^2+(\tilde{x}_{ij}-\tilde{x}_{ij}^+)^2+\\(\bar{x}_{ij}-\bar{x}_{ij}^+)^2\end{bmatrix}+$$

$$2\lambda\left[\sum_{j=1}^{m}w_j-1\right]$$

根据极值存在的必要条件得：

$$\frac{\partial L}{\partial\omega_j}=\alpha(\omega_j-\omega_j^0)+\beta\sum_{i=1}^{n}[(\underline{x}_{ij}-\underline{x}_{ij}^+)^2+(\tilde{x}_{ij}-\tilde{x}_{ij}^+)^2+(\bar{x}_{ij}-\bar{x}_{ij}^+)^2]\omega_j+$$

$$2\lambda\left[\sum_{j=1}^{m}w_j-1\right]=0$$

$$\frac{\partial L}{\partial\lambda}=\sum_{j=1}^{m}\omega_j-1=0$$

得最优解

$$\omega_j^* = b_j\left[\alpha\omega_j^0 - \left(\sum_{j=1}^{m}\alpha\omega_j^0 b_j - 1\right)/\sum_{j=1}^{m} b_j\right] \tag{7.6}$$

其中 $b_j = \dfrac{1}{\alpha + \beta\sum_{i=1}^{n}\left[(\underline{x}_{ij} - \underline{x}_{ij}^{+})^2 + (\tilde{x}_{ij} - \tilde{x}_{ij}^{+})^2 + (\bar{x}_{ij} - \bar{x}_{ij}^{+})^2\right]}$

7.4.1.2 决策算法步骤

步骤 1 运用式（4.1）～（4.3）对非负三参数区间灰数评价矩阵进行规范化处理，得到各方案规范化的效果评价矩阵 $X = (x_{ij})_{n\times m}$。

步骤 2 由定义 7.1 式计算得靶心。

步骤 3 由公式（7.6）求得权重 ω_j。

步骤 4 有公式（7.1）求得正靶心距 ε_i^+，ε_i^+ 越小，方案越优。

7.4.1.3 算例分析

设影响舰载机选型的主要参数有最大航速（u_1）、越海自由航程（u_2）、最大净载荷（u_3）购置费（u_4）、可靠性（u_5）、机动灵活性（u_6）六项，现有四种机型可供选择，因此因素集 $U=\{u_1, u_2, u_3, u_4, u_5, u_6\}$，备择集 $V=\{v_1, v_2, v_3, v_4\}$。

规范化后的三参数区间灰数评价矩阵 $X(\otimes) = (x_{ij}(\otimes))_{4\times 6} =$

$$\begin{vmatrix} [0.78,0.8,0.85] & [0.5,0.55,0.58] & [0.9,0.95,0.95] & [0.8,0.82,0.85] & [0.45,0.5,0.57] & [0.9,0.95,0.97] \\ [0.92,0.95,1.0] & [0.95,0.97,1.0] & [0.85,0.86,0.88] & [0.65,0.69,0.71] & [0.17,0.2,0.23] & [0.47,0.51,0.55] \\ [0.7,0.72,0.78] & [0.72,0.74,0.75] & [0.95,0.98,1.0] & [0.94,0.97,1.0] & [0.8,0.83,0.85] & [0.8,0.82,0.85] \\ [0.85,0.88,0.9] & [0.65,0.67,0.7] & [0.9,0.95,0.96] & [0.85,0.9,0.93] & [0.46,0.5,0.52] & [0.48,0.5,0.52] \end{vmatrix}$$

利用定义 7.1 分别计算正靶心得：

$x^+(\otimes) = ([0.92, 0.95, 1.0], [0.95, 0.97, 1.0], [0.95, 0.98, 1.0], [0.94, 0.97, 1.0], [0.8, 0.83, 0.85], [0.9, 0.95, 0.97])$

请多位专家分别给出权重集和评价矩阵，然后归一化处理，最后得到规范化的指标权重向量为：

$\omega^0 = (\omega_1^0, \omega_2^0, \omega_3^0, \omega_4^0, \omega_5^0, \omega_6^0) = (0.17, 0.12, 0.13, 0.13, 0.21, 0.24)$

取系数 $\alpha = \beta = 0.5$. 利用公式（7.6）求得指标权重得：

$$\omega = (0.2215, 0.1120, 0.2223, 0.1755, 0.1110, 0.1577)$$

利用公式（7.1）求得各靶心距：

$$\varepsilon_1^+ = 0.2029,\ \varepsilon_2^+ = 0.3001,\ \varepsilon_3^+ = 0.1397,\ \varepsilon_4^+ = 0.2363$$

则方案优劣排序如下：

$$A_3 > A_1 > A_4 > A_2$$

即 A_3 为最优方案，罗党（2009）中的结果基本一致。

7.4.2　基于相对靶心距的灰靶决策模型

7.4.2.1　相对靶心距

定义 7.7　称

$$\varepsilon_i^0 = 3^{-\frac{1}{2}}\left\{\sum_{j=1}^{m}\omega_j\left[(\underline{x}_{ij}^{+}-\underline{x}_{ij}^{-})^2+(\tilde{x}_{ij}^{+}-\tilde{x}_{ij}^{-})^2+(\bar{x}_{ij}^{+}-\bar{x}_{ij}^{-})^2\right]\right\}^{\frac{1}{2}} \quad (7.7)$$

为正负靶心间距。

定义 7.8　称

$$\varepsilon_i = \frac{\varepsilon_i^0}{\varepsilon_i^{+}+\varepsilon_i^0} \quad (7.8)$$

为方案 a_i 的相对靶心距。

设指标权重为 $\omega=(\omega_1,\ \omega_2,\ \cdots,\ \omega_m)$，请多位专家分别给出权重集和评价矩阵，然后归一化处理，最后得到规范化的指标权重向量。

7.4.2.2　决策算法步骤

步骤 1　运用式（4.1）～（4.3）对非负三参数区间灰数评价矩阵进行规范化处理，得到各方案规范化的效果评价矩阵 $X=(x_{ij})_{n\times m}$。

步骤 2　由定义 7.3 求得靶界点。

步骤 3　由公式（7.1）、（7.7）和（7.8）分别求得正靶心距、正负靶心间距、相对靶心距。相对靶心距越大，方案越优。

7.4.2.3　算例分析

设影响舰载机选型的主要参数有最大航速（u_1）、越海自由航程（u_2）、最大净载荷（u_3）购置费（u_4）、可靠性（u_5）、机动灵活性（u_6）六项，现有四种机型可供选择，因此因素集 $U=\{u_1,\ u_2,\ u_3,\ u_4,\ u_5,\ u_6\}$，备择集 $V=\{v_1, v_2, v_3, v_4\}$。

步骤 1　规范化后的三参数区间灰数评价矩阵 $X(\otimes)=(x_{ij}(\otimes))_{4\times6}=$

$$\begin{vmatrix} [0.78,0.8,0.85] & [0.5,0.55,0.58] & [0.9,0.95,0.95] & [0.8,0.82,0.85] & [0.45,0.5,0.57] & [0.9,0.95,0.97] \\ [0.92,0.95,1.0] & [0.95,0.97,1.0] & [0.85,0.86,0.88] & [0.65,0.69,0.71] & [0.17,0.2,0.23] & [0.47,0.51,0.55] \\ [0.7,0.72,0.78] & [0.72,0.74,0.75] & [0.95,0.98,1.0] & [0.94,0.97,1.0] & [0.8,0.83,0.85] & [0.8,0.82,0.85] \\ [0.85,0.88,0.9] & [0.65,0.67,0.7] & [0.9,0.95,0.96] & [0.85,0.9,0.93] & [0.46,0.5,0.52] & [0.48,0.5,0.52] \end{vmatrix}$$

步骤 2　利用义 7.3 求靶界点得：

$x^{-}(\otimes)=([0.7, 0.72, 0.78], [0.5, 0.55, 0.58], [0.85, 0.86, 0.88], [0.65, 0.69, 0.71], [0.17, 0.2, 0.23], [0.47, 0.5, 0.52])$

步骤 3　请多位专家分别给出权重集和评价矩阵，然后统计计算，最后得到规一化的指标权重向量为：

$\omega=(\omega_1, \omega_2, \omega_3, \omega_4, \omega_5, \omega_6)=(0.17, 0.12, 0.13, 0.13, 0.21, 0.24)$

利用（7.1）、（7.7）和（7.8）式求得相对靶心距为：

$$\varepsilon_1=0.6719,\ \varepsilon_2=0.5807,\ \varepsilon_3=0.7485,\ \varepsilon_4=0.6375$$

则方案优劣排序如下：

$$A_3 > A_1 > A_4 > A_2$$

即 A_3 为最优方案。

7.4.3　基于综合靶心距的灰靶决策模型

7.4.3.1　综合靶心距

定义 7.9　称

$$\varepsilon_i^{-}=3^{-\frac{1}{2}}\left\{\sum_{j=1}^{m}\omega_j[(\underline{x}_{ij}-\underline{x}_{ij}^{-})^2+(\tilde{x}_{ij}-\tilde{x}_{ij}^{-})^2+(\bar{x}_{ij}-\bar{x}_{ij}^{-})^2]\right\}^{\frac{1}{2}} \quad (7.9)$$

为方案 a_i 的效果向量在指标集下的负靶心距。

由几何知识知，由于各方案的效果向量所处的点 x_i 与正负靶心 z^+、z^- 为空间内三点，故 x_i、z^+、z^- 共线或围成三角形，从而 ε_i^+、ε_i^-、ε_i^0 共线或围成三角形。

设 θ 为正靶心距与正负靶心间距的夹角，由余弦定理 $(\varepsilon_i^+)^2+(\varepsilon_i^0)^2-2\varepsilon_i^+\varepsilon_i^0\cos\theta=(\varepsilon_i^-)^2$，得

$$\cos\theta=\frac{(\varepsilon_i^+)^2+(\varepsilon_i^0)^2-(\varepsilon_i^-)^2}{2\varepsilon_i^+\varepsilon_i^0}$$

则正靶心距在正负靶心间距上的投影为：

$$\varepsilon_i=\varepsilon_i^+\cos\theta=\frac{(\varepsilon_i^+)^2+(\varepsilon_i^0)^2-(\varepsilon_i^-)^2}{2\varepsilon_i^0} \quad (7.10)$$

称为综合靶心距。

综合靶心距 ε_i 越小，则方案越优。

7.4.3.2　决策算法步骤

步骤 1　运用式（4.1）~（4.3）对非负三参数区间灰数评价矩阵进行规

范化处理，得到各方案规范化的效果评价矩阵 $X=(x_{ij})_{n\times m}$；

步骤 2　由公式（7.1）、（7.7）、（7.9）和（7.10）分别求得正靶心距、负靶心距、正负靶心间距、综合靶心距。综合靶心距越小，则方案越优。

7.4.3.3　算例分析

设影响舰载机选型的主要参数有最大航速（u_1）、越海自由航程（u_2）、最大净载荷（u_3）购置费（u_4）、可靠性（u_5）、机动灵活性（u_6）六项，现有四种机型可供选择，因此因素集 $U=\{u_1, u_2, u_3, u_4, u_5, u_6\}$，备择集 $V=\{v_1, v_2, v_3, v_4\}$。

规范化后的三参数区间灰数评价矩阵 $X(\otimes)=(x_{ij}(\otimes))_{4\times 6}=$

$$\begin{vmatrix} [0.78,0.8,0.85] & [0.5,0.55,0.58] & [0.9,0.95,0.95] & [0.8,0.82,0.85] & [0.45,0.5,0.57] & [0.9,0.95,0.97] \\ [0.92,0.95,1.0] & [0.95,0.97,1.0] & [0.85,0.86,0.88] & [0.65,0.69,0.71] & [0.17,0.2,0.23] & [0.47,0.51,0.55] \\ [0.7,0.72,0.78] & [0.72,0.74,0.75] & [0.95,0.98,1.0] & [0.94,0.97,1.0] & [0.8,0.83,0.85] & [0.8,0.82,0.85] \\ [0.85,0.88,0.9] & [0.65,0.67,0.7] & [0.9,0.95,0.96] & [0.85,0.9,0.93] & [0.46,0.5,0.52] & [0.48,0.5,0.52] \end{vmatrix}$$

用公式（7.1）、（7.7）、（7.9）和（7.10）求得综合靶心距为：

$$\varepsilon_1=0.1716,\ \varepsilon_2=0.2791,\ \varepsilon_3=0.0809,\ \varepsilon_4=0.2387$$

则方案优劣排序如下：

$$A_3 > A_1 > A_4 > A_2$$

即 A_3 为最优方案。

7.5　本章小结

本章针对决策信息为三参数区间灰数的情况，从不同的侧面提出了三种多属性灰靶决策方法：

（1）指标权重向量已知的灰靶决策方法，首先定义了多目标灰靶决策的最优效果向量，通过统计方法确定指标的权重，定义了方案的加权灰靶心距，以靶心距的大小对方案进行排序；其次定义了方案的负靶心和负靶心距，由此确定了方案的加权偏离靶心度，依据偏离靶心度的大小对方案进行排序。

（2）指标权重向量未已知的灰靶决策方法，首先根据靶心距最优原理，即所有方案的靶心距最小为最优，构造多目标灰靶决策最优化模型，求解权重向量，接着计算加权靶心距，并对方案进行排序；其次依据方案与其他方案的总平方距的最小值，构建多目标优化模型，求解权重向量；最后计算加权靶心距，并对方案进行排序。

（3）基于靶心距的多属性决策模型将主观赋权法和客观赋权法进行集成，建立了确定指标权重的集成优化模型，求解目标权重，避免了指标权重的不确定性对基础结果的影响；考虑正负靶心距的实践意义，提出了相对靶心距和综合靶心距的定义，在目标权重已知的情况下，给出相对靶心距和综合靶心距的灰靶决策方法。

8 基于灰数信息的风险型灰靶决策模型

8.1 引言

风险型决策研究的目标就是在特定的环境下，人们预测可能出现的各种结果并权衡各方面的利益，面对内心的冲突，如何更为有效地预测人们在面临决策时的风险，最终在面对风险时如何做出正确的决策。风险型决策在社会、经济、工程、管理等领域有着广泛的应用背景，如重大项目的风险评估、灾害的风险评估、复杂产品的供应商选择、流域防洪系统规划、风险管理及风险对策等。灰靶决策是邓聚龙教授提出的处理多方案多目标评价及优选问题的一种行之有效的方法，被应用到社会经济等的各个领域。然而，灰靶决策在实际应用中同样会遇到决策者对方案往往存在主观上的风险偏好的问题亟待研究。

本章针对决策信息为灰数的情况，在已有研究的基础上，针对不同问题，提出了如下灰靶决策方法：第一，对于评价属性集不同且评价决策值为区间灰数的多属性决策问题，把软集理论引入到灰色系统理论中，结合灰靶决策的特点，构建了一种属性集有差异的多属性灰靶决策模型；第二，考虑决策过程中系统的不确定性，将 D-S 证据理论与灰靶决策方法相结合，通过 D-S 合成法则进行信息融合，提出了一种基于 D-S 证据理论的多属性灰靶决策方法；第三，考虑熵权法下客观权重分散度不高的问题，给出了三参数区间灰数下的调节系数，利用 D-S 合成法则将主观赋权法和客观赋权法进行集成，提出了基于调节系数的多属性灰靶决策方法；第四，首先针对属性值为区间灰数的风险型动态多属性决策问题，利用熵和时间度建立了确定时间权重的优化模型，构建了以两两方案互为参考点的求解属性权重的多目标优化模型。

8.2 基于灰软集的区间灰数多属性灰靶决策方法

8.2.1 新区间灰数的距离

设 $\otimes_1=[-3, 2]$, $\otimes_2=[0, 1]$, $\otimes_3=[1, 4]$, 利用定义 2.2 中的距离公式得

$$d(\otimes_1, \otimes_2)=L(\otimes_3, \otimes_2)=\sqrt{10}$$

该结果与实际不符。因为 $\otimes_2$ 在 $\otimes_1$ 的里面，在 $\otimes_3$ 的外面，故 $\otimes_2$ 到 $\otimes_1$ 的距离小于 $\otimes_2$ 到 $\otimes_3$ 的距离，这是由于通常区间灰数的距离公式只考虑区间的上下界，忽略了区间灰数取值的特点。鉴于通常区间灰数距离公式的不足，本书提出了一种新的区间灰数的距离公式。

对于一般的区间灰数 $a(\otimes)\in[\underline{a}, \overline{a}]$，其白化值 $\tilde{\otimes}$ 为：

$$\tilde{\otimes}=(1-\alpha)\underline{a}+\alpha\overline{a}=\underline{a}+\alpha(\overline{a}-\underline{a}),\ \alpha\in[0, 1]$$

定义 8.1 设 $a(\otimes)\in[\underline{a}, \overline{a}]\ (\underline{a}<\overline{a})$, $b(\otimes)\in[\underline{b}, \overline{b}]\ (\underline{b}<\overline{b})$ 为两区间灰数，其白化值分别为：

$$a(\tilde{\otimes})=(1-\alpha)\underline{a}+\alpha\overline{a}=\underline{a}+\alpha(\overline{a}-\underline{a}),\ \alpha\in[0, 1]$$

$$b(\tilde{\otimes})=(1-\beta)\underline{b}+\beta\overline{b}=\underline{b}+\beta(\overline{b}-\underline{b}),\ \beta\in[0, 1]$$

令：

$$d^2((\otimes), (\otimes))=\int_0^1\int_0^1[(\underline{a}+\alpha(\overline{a}-\underline{a}))-(\underline{b}+\beta(\overline{b}-\underline{b}))]^2 d\alpha d\beta$$

$$=\left[\left(\frac{\underline{a}+\overline{a}}{2}\right)-\left(\frac{\underline{b}+\overline{b}}{2}\right)\right]^2+\frac{1}{3}\left[\left(\frac{\overline{a}-\underline{a}}{2}\right)^2+\left(\frac{\overline{b}-\underline{b}}{2}\right)^2\right]$$

则称 $d(a(\otimes), b(\otimes))=\sqrt{d^2(\tilde{\otimes}_1, \tilde{\otimes}_2)}$ 为区间灰数 $a(\otimes)$ 和 $b(\otimes)$ 的距离。

利用定义 8.1，计算 $\otimes_1=[-3, 2]$, $\otimes_2=[0, 1]$, $\otimes_3=[1, 4]$ 之间的

距离得

$$d^2(\otimes_1,\ \otimes_2)=\frac{19}{6}<d^2(\otimes_3,\ \otimes_2)=\frac{29}{6}$$

该结果与实际相符合。这说明本书提出的区间灰数的距离公式，比定义2.2的计算结果更符合实际情况。

定理 8.1 设 $a(\otimes)\in[\underline{a},\ \bar{a}]$ 和 $b(\otimes)\in[\underline{b},\ \bar{b}]$ 为两个区间灰数，$d(a(\otimes),\ b(\otimes))$ 为 $a(\otimes)$ 和 $b(\otimes)$ 的距离，则有如下性质：

(1) $d(a(\otimes),\ b(\otimes))\geqslant 0$；

(2) $d(a(\otimes),\ b(\otimes))=d(b(\otimes),\ a(\otimes))$；

(3) 对任一区间灰数 $c(\otimes)\in[\underline{c},\ \bar{c}]$，则有：

$$d(a(\otimes),\ b(\otimes))\leqslant d(c(\otimes),\ a(\otimes))+d(c(\otimes),\ b(\otimes))。$$

证明：(1)、(2) 显然。

(3) 由定义 8.1 可知，令 $d^2(a(\otimes),\ b(\otimes))=d_1^2(a(\otimes),\ b(\otimes))+d_2^2(a(\otimes),\ b(\otimes))$，其中：

$$d_1^2(a(\otimes),\ b(\otimes))=\left[\left(\frac{\underline{a}+\bar{a}}{2}\right)-\left(\frac{\underline{b}+\bar{b}}{2}\right)\right]^2$$

$$d_2^2(a(\otimes),\ b(\otimes))=\frac{1}{3}\left[\left(\frac{\bar{a}-\underline{a}}{2}\right)^2+\left(\frac{\bar{b}-\underline{b}}{2}\right)^2\right]$$

则要证 $d(a(\otimes),\ b(\otimes))\leqslant d(c(\otimes),\ a(\otimes))+d(c(\otimes),\ b(\otimes))$，即证：

$$d_1^2(a(\otimes),\ b(\otimes))\leqslant d_1^2(c(\otimes),\ a(\otimes))+d_1^2(c(\otimes),\ b(\otimes))$$

$$d_2^2(a(\otimes),\ b(\otimes))\leqslant d_2^2(c(\otimes),\ a(\otimes))+d_2^2(c(\otimes),\ b(\otimes))$$

首先，令 x，y，z 为任意实数，则有：

$$|x-y|=|x-z+z-y|\leqslant|x-z|+|z-y|$$

故有 $|x-y|^2\leqslant(|x-z|+|z-y|)^2\leqslant|x-z|^2+|z-y|^2$。

令 $x=\dfrac{\underline{a}+\bar{a}}{2}$，$y=\dfrac{\underline{b}+\bar{b}}{2}$，$z=\dfrac{\underline{c}+\bar{c}}{2}$ 代入上式，即证：

$$d_1^2(a(\otimes),\ b(\otimes))\leqslant d_1^2(c(\otimes),\ a(\otimes))+d_1^2(c(\otimes),\ b(\otimes))$$

其次，由于 $\left(\dfrac{\bar{a}-\underline{a}}{2}\right)^2\geqslant 0$，$\left(\dfrac{\bar{b}-\underline{b}}{2}\right)^2\geqslant 0$，$\left(\dfrac{\bar{c}-\underline{c}}{2}\right)\geqslant 0$，故：

$$\frac{1}{3}\left[\left(\frac{\bar{a}-\underline{a}}{2}\right)^2+\left(\frac{\bar{b}-\underline{b}}{2}\right)^2\right]\leqslant\frac{1}{3}\left[\left(\frac{\bar{a}-\underline{a}}{2}\right)^2+\left(\frac{\bar{c}-\underline{c}}{2}\right)^2\right]+\frac{1}{3}\left[\left(\frac{\bar{c}-\underline{c}}{2}\right)^2+\left(\frac{\bar{b}-\underline{b}}{2}\right)^2\right]$$

显然成立，即证 $d_2^2(a(\otimes),b(\otimes))\leqslant d_2^2(c(\otimes),a(\otimes))+d_2^2(c(\otimes),b(\otimes))$。

综上所述，则（3）式已证。

在实际的决策问题中，往往存在“外延明确，内涵不明确”的研究对象，即具有一定的灰性，故用灰数来刻画这一类问题具有一定的实际意义。软集作为一种处理不确定性问题的数学工具，克服了一些经典数学方法的不足，即理论的参数化工具的不足。鉴于此，本书提出灰软集的定义。

8.2.2 灰软集的概念

定义 8.2 设 U 为灰数 $\otimes$ 产生的背景或论域，E 为参数集，I^U 为集合 U 上的所有灰数集的幂集，$A\subseteq E$，F：$A\rightarrow I^U$ 为一个映射，则称 $(F;A)$ 为论域 U 上的灰软集。

灰软集 $(F;A)$ 简记为 F_A，记 $S(U)$ 为初始论域 U 上所有灰软集的集合。

在实际问题中，对于定义 8.2 中的参数集 E，其中的每个参数可理解为所有决策者可能考虑的一个属性，也可以把每个参数视作属性的某种状态描述。A 为 E 的子集，则可以视为某个决策者所考虑的属性集合。对于 $\forall e\in A$，$F(e)$ 表示的是具有 e 参数性质的集合，则软集 $(F;A)$ 是由具有 A 中各个参数性质的集合所构成。

定义 8.3 设 $(F;A)$ 和 $(G;B)$ 是论域 U 上的两个灰软集，若对 $\forall(a,b)\in A\times B$，$H(a,b)=F(a)\cap G(b)$，则称 $(H,A\times B)$ 为灰软集 $(F;A)$ 和 $(G;B)$ 的且运算。

由定义 8.3 可以看出，灰软集 $(F;A)$ 和 $(G;B)$ 通过且运算得到了一个新的灰软集 $(H,A\times B)$，该灰软集中的每个参数都是由 A 和 B 中参数“合成”而来的，其中，$F(a)\cap G(b)$ 表示两个灰数的交集。

例 8.1 某公司计划采购一种产品零部件，拟从 4 家备选供应商 $U=\{u_1,u_2,u_3,u_4\}$ 中选择一个最好的绿色供应商，属性集为 $E=\{e_1,e_2,e_3,e_4,e_5,e_6\}$，其中，$e_1$=顾客满意度，$e_2$=商业信誉，$e_3$=环境影响度，$e_4$=能源消耗度，$e_5$=技术水平，$e_6$=产品性能。

假设两个决策者考虑不同的属性集 $A=\{e_1,e_2\}$ 和 $B=\{e_5\}$，且：

$F(e_1)=\{u_1=[0.85,0.94],u_2=[0.81,0.89],u_3=[0.83,0.88],u_4=[0.82,0.91]\}$

$F(e_2)=\{u_1=[0.85,0.92],u_2=[0.89,0.93],u_3=[0.84,0.90],u_4=[0.85,0.91]\}$

$G(e_5)=\{u_1=[0.79, 0.87], u_2=[0.82, 0.91], u_3=[0.81, 0.88], u_4=[0.78, 0.86]\}$

则灰软集（F；A）和（G；B）的且运算得到的灰软集为：

$H(e_1^*$ =顾客满意度且技术水平) =

$\{u_1=[0.85, 0.87], u_2=[0.82, 0.89], u_3=[0.83, 0.88], u_4=[0.82, 0.85]\}$

$H(e_2^*$ =商业信誉且技术水平) =

$\{u_1=[0.85, 0.87], u_2=[0.89, 0.91], u_3=[0.84, 0.88], u_4=[0.85, 0.86]\}$。

定理 8.2 设 F_A，F_B，$F_C \in S(U)$，则有：

(1) $F_A \cap F_A = F_A$；

(2) $F_A \cap F_\Phi = F_\Phi$；

(3) $F_A \cap F_B = F_B \cap F_A$；

(4) $(F_A \cap F_B) \cap F_C = F_A \cap (F_B \cap F)_C$。

在实际决策问题中，为了综合各决策者的评价信息，根据定义 8.3 可以对灰软集的且运算进行扩展。设有灰软集（F_1；E_1），（F_2；E_2），…，（F_s；E_s），则：

$$(H, E_1 \times E_2 \times \cdots E_s) = (F_1; E_1) \cap (F_2; E_2) \cap \cdots \cap (F_s; E_s),$$

即对 $\forall (e_1, e_2, \cdots, e_s) \in E_1 \times E_2 \times \cdots E_s$，有：

$$H(e_1, e_2, \cdots, e_s) = F_1(e_1) \cap F_2(e_2) \cap \cdots F_s(e_s)。$$

8.2.3 决策模型的构建

设方案集合为 $U=\{u_1, u_2, \cdots, u_n\}$，属性因素集合 $E=\{e_1, e_2, \cdots, e_m\}$，参与的专家群体为 $D=\{d_1, d_2, \cdots, d_s\}$，专家 $D_p(p=1, 2, \cdots, s)$ 考虑的属性集为 $E_p=\{e_1^p, e_2^p, \cdots, e_{l_p}^p\}$，其中 e_t^p 表示专家 D_p 所考虑的第 t 个属性，且 $t=1, 2, \cdots, l_p$，$E_p \subseteq E$，$l_p \leqslant m$。属性 e_t^p 的权重为 ω_t^p，满足 $\sum_{t=1}^{l_p} \omega_t^p = 1$，$0 \leqslant \omega_t^p \leqslant 1$。

记 $u_{it}^p(i=1, 2, \cdots, n; t=1, 2, \cdots, l_p; p=1, 2, \cdots, s)$ 为专家 D_p 对方案 u_i 在属性 e_t^p 下的效果评价值，该效果评价值是一个区间灰数，因此专家 D_p 对方案 u_i 在属性 e_t^p 下的效果评价值记 $u_{it}^p \in [\underline{u}_{it}^p, \overline{u}_{it}^p]$ $(0 \leqslant \underline{u}_{it}^p \leqslant \overline{u}_{it}^p; i=1, 2, \cdots, n; t=1, 2, \cdots, l_p; p=1, 2, \cdots, s)$，则 $U_p=(u_{it}^p)_{n \times l_p}$ 为专家 D_p 对各备选方案的决策矩阵。不同的属性往往具有不同的极性，为了消除不同属性下

方案评价信息在量纲上的差异性与增加可比性，进行属性间的比较，先把决策矩阵标准化。属性分为效益型属性和成本型属性，采用如下区间灰数极差变化法。

对效益型目标值：

$$\underline{x}_{it}^{p}=\frac{\underline{u}_{it}^{p}-\underline{u}_{t}^{p\nabla}}{\overline{u}_{t}^{p\Delta}-\underline{u}_{t}^{p\nabla}},\quad \overline{x}_{it}^{p}=\frac{\overline{u}_{it}^{p}-\underline{u}_{t}^{p\nabla}}{\overline{u}_{t}^{p\Delta}-\underline{u}_{t}^{p\nabla}} \tag{8.1}$$

对成本型目标值：

$$\underline{x}_{it}^{p}=\frac{\overline{u}_{t}^{p\Delta}-\overline{u}_{it}^{p}}{\overline{u}_{t}^{p\Delta}-\underline{u}_{t}^{p\nabla}},\quad \overline{x}_{it}^{p}=\frac{\overline{u}_{t}^{p\Delta}-\underline{u}_{it}^{p}}{\overline{u}_{t}^{p\Delta}-\underline{u}_{t}^{p\nabla}} \tag{8.2}$$

其中，$\overline{u}_{t}^{p\Delta}=\max\limits_{1\leq t\leq l_p}\{\overline{u}_{it}^{p}\}$，$\underline{u}_{t}^{p\nabla}=\min\limits_{1\leq i\leq n}\{\underline{u}_{it}^{p}\}$，则方案 u_i 在属性 e_t^p 下规范化后的效果评价值 $x_{it}^p\in(\underline{x}_{it}^{p},\ \overline{x}_{it}^{p})$ 为［0，1］上的区间灰数，因此可得专家 D_p 对各备选方案规范化后的决策矩阵为：

$$X_p=\begin{bmatrix} x_{11}^p & x_{12}^p & \cdots & x_{1l_p}^p \\ x_{21}^p & x_{22}^p & \cdots & x_{2l_p}^p \\ \cdots & \cdots & \ddots & \cdots \\ x_{n1}^p & x_{n2}^p & \cdots & x_{nl_p}^p \end{bmatrix}$$

为了得到各方案的综合效果评价值，同时考虑各决策者所考虑的属性集的不同，根据专家 D_p 所考虑的属性集 E_p 以及规范化后的决策矩阵，将各方案关于各属性的评价信息表示成灰软集 $(F_1;\ E_1)$，$(F_2;\ E_2)$，…，$(F_s;\ E_s)$ 的形式，依据规范化后的决策矩阵有：

$$F_p(e_t^p)=\{x_{1t}^p,\ x_{2t}^p,\ \cdots,\ x_{nt}^p\} \tag{8.3}$$

再根据定义 8.3 做灰软集 $(F_1;\ E_1)$，$(F_2;\ E_2)$，…，$(F_s;\ E_s)$ 的且运算，得到新的灰软集 $(H,\ E_1\times E_2\times\cdots E_s)$。由此可以看出 $(H,\ E_1\times E_2\times\cdots E_s)$ 中的每个属性是由 s 个属性合成得到的，这 s 个属性分别属于不同决策者所考虑的属性集 E_1，E_2，…，E_s，因此 $(H,\ E_1\times E_2\times\cdots E_s)$ 中共有 $l=l_1\times l_2\times\cdots\times l_s$ 个合成后的参数。

设合成后的属性集合为 $E^*=\{e_1^*,\ e_2^*,\ \cdots,\ e_l^*\}$，其中 e_k^* 表示 E^* 中的第 k 个属性，可知 e_k^* 是由 E_1 中的属性 $e_{t_1}^1$、E_2 中的属性 $e_{t_2}^2$，…，E_S 中的属性 $e_{t_s}^s$ 合成得来的，$\omega_{t_1}^1$ 为属性 $e_{t_1}^1$ 的权重，$\omega_{t_2}^2$ 为属性 $e_{t_2}^2$ 的权重，…，$\omega_{t_s}^s$ 为属性 $e_{t_s}^s$ 的权重，ω_k^* 是 e_k^* 的权重，则有：

$$\omega_k^*=\omega_{t_1}^1\times\omega_{t_2}^2\times\cdots\times\omega_{t_s}^s \tag{8.4}$$

其中 $1\leqslant t_1\leqslant l_1$，$1\leqslant t_2\leqslant l_2$，$1\leqslant t_s\leqslant l_s$。

定理 8.3 记 $E_p=\{e_1^p, e_2^p, \cdots, e_{l_p}^p\}$ 为专家 $D_p(p=1, 2, \cdots, s)$ 考虑的属性，$L_p=\{1, 2, \cdots, l_p\}$ 为下标集，则有：

$$\sum_{k=1}^{l} e_k^* = \sum_{t_1\in L_1}\sum_{t_2\in L_2}\cdots\sum_{t_s\in L_s}\omega_{t_1}^1\omega_{t_2}^2\cdots\omega_{t_s}^s = 1$$

证明：

$$\begin{aligned}
\sum_{k=1}^{l} e_k^* &= \sum_{t_1\in L_1}\sum_{t_2\in L_2}\cdots\sum_{t_s\in L_s}\omega_{t_1}^1\omega_{t_2}^2\cdots\omega_{t_s}^s \\
&= \omega_1^s\sum_{t_1\in L_1}\sum_{t_2\in L_2}\cdots\sum_{t_{s-1}\in L_{s-1}}\omega_{t_1}^1\omega_{t_2}^2\cdots\omega_{t_{s-1}}^{s-1} + \omega_2^s\sum_{t_1\in L_1}\sum_{t_2\in L_2}\cdots\sum_{t_{s-1}\in L_{s-1}}\omega_{t_1}^1\omega_{t_2}^2\cdots \\
&\quad \omega_{t_{s-1}}^{s-1} + \cdots + \omega_{l_s}^s\sum_{t_1\in L_1}\sum_{t_2\in L_2}\cdots\sum_{t_{s-1}\in L_{s-1}}\omega_{t_1}^1\omega_{t_2}^2\cdots\omega_{t_{s-1}}^{s-1} \\
&= (\omega_1^s + \omega_2^s + \cdots\omega_{l_s}^s)\sum_{t_1\in L_1}\sum_{t_2\in L_2}\cdots\sum_{t_{s-1}\in L_{s-1}}\omega_{t_1}^1\omega_{t_2}^2\cdots\omega_{t_{s-1}}^{s-1} \\
&= \sum_{t_1\in L_1}\sum_{t_2\in L_2}\cdots\sum_{t_{s-1}\in L_{s-1}}\omega_{t_1}^1\omega_{t_2}^2\cdots\omega_{t_{s-1}}^{s-1} \\
&= \omega_1^{s-1}\sum_{t_1\in L_1}\sum_{t_2\in L_2}\cdots\sum_{t_{s-1}\in L_{s-2}}\omega_{t_1}^1\omega_{t_2}^2\cdots\omega_{t_{s-2}}^{s-2} + \omega_2^{s-1}\sum_{t_1\in L_1}\sum_{t_2\in L_2}\cdots\sum_{t_{s-1}\in L_{s-2}} \\
&\quad \omega_{t_1}^1\omega_{t_2}^2\cdots\omega_{t_{s-2}}^{s-2} + \cdots + \omega_{l_{s-1}}^{s-1}\sum_{t_1\in L_1}\sum_{t_2\in L_2}\cdots\sum_{t_{s-1}\in L_{s-2}}\omega_{t_1}^1\omega_{t_2}^2\cdots\omega_{t_{s-2}}^{s-2} \\
&= (\omega_1^{s-1} + \omega_2^{s-1} + \cdots\omega_{l_{s-1}}^{s-1})\sum_{t_1\in L_1}\sum_{t_2\in L_2}\cdots\sum_{t_{s-1}\in L_{s-2}}\omega_{t_1}^1\omega_{t_2}^2\cdots\omega_{t_{s-2}}^{s-2} \\
&= \sum_{t_1\in L_1}\sum_{t_2\in L_2}\cdots\sum_{t_{s-1}\in L_{s-2}}\omega_{t_1}^1\omega_{t_2}^2\cdots\omega_{t_{s-2}}^{s-2} \\
&= \cdots \\
&= \sum_{t_1\in L_1}\omega_{t_1}^1 \\
&= \omega_1^1 + \omega_2^1\cdots\omega_{l_1}^1 = 1
\end{aligned}$$

定义 8.4 设 $x_k^+=\max\{(\underline{x}_{ik}+\overline{x}_{ik})/2 | 1\leqslant i\leqslant n\}(k=1,2,3\cdots,l)$，其对应的效果值记为 $[\underline{x}_{ik}^+ + \overline{x}_{ik}^+]$，称

$$x^+ = \{x_1^+, x_2^+, \cdots, x_l^+\} = \{[\underline{x}_{i1}^+ + \overline{x}_{i1}^+], [\underline{x}_{i2}^+ + \overline{x}_{i2}^+], \cdots, [\underline{x}_{il}^+ + \overline{x}_{il}^+]\} \tag{8.5}$$

为灰靶决策的最优理想效果向量，也称为靶心。

定义 8.5 设 $x_i = \{x_{il}, x_{i2}, \cdots, x_{il}\}$ 为方案 u_i 的效果评价向量，$x^+=\{x_1^+, x_2^+, \cdots, x_l^+\}$ 为最优理想效果向量，则称：

$$\varepsilon_i^+ = \sum_{k=1}^{l} \omega_k^* \sqrt{\left[\left(\frac{\underline{x}_{ik} + \overline{x}_{ik}}{2}\right) - \left(\frac{\underline{x}_{ik}^+ + \overline{x}_{ik}^+}{2}\right)\right]^2 + \frac{1}{3}\left[\left(\frac{\underline{x}_{ik} - \overline{x}_{ik}}{2}\right) - \left(\frac{\underline{x}_{ik}^+ - \overline{x}_{ik}^+}{2}\right)^2\right]} \tag{8.6}$$

为方案 u_i 的靶心距。

在定义 8.5 中，最优理想效果向量为各属性下的最大效果评价值构成的向量，各方案的效果评价向量与最优理想效果向量间的距离称为靶心距，因此可依据靶心距的大小对方案的优劣进行排序，ε_i^+ 越小，则认为方案 u_i 距离最优理想效果向量的距离越近，故该方案越优。

决策算法步骤如下：

步骤 1　根据式（8.1）和（8.2）对 $U_p = (u_{it}^p)_{n\times l_p}$ 进行规范化处理，得到专家 D_p 对各备选方案规范化后的决策矩阵 X_p。

步骤 2　由公式（8.3）将评价信息表示成灰软集（F_p；E_p）($p=1$，2，…，s）的形式。

步骤 3　根据定义 8.3 对灰软集（F_p；E_p）($p=1$，2，…，s）进行且运算，得到新的灰软集（H，$E_1\times E_2\times\cdots E_s$）。

步骤 4　由公式（8.4）求得合成后各属性的权重 ω_k^*。

步骤 5　由公式（8.5）和（8.6）求得各方案的靶心距，则 ε_i^+ 越小，方案越优。

8.2.4　算例分析

某公司计划采购一种产品零部件，拟从 4 家备选供应商 $U=\{u_1, u_2, u_3, u_4\}$ 中选择一个最好的绿色供应商，属性集为 $E=\{e_1, e_2, e_3, e_4, e_5, e_6\}$，其中，$e_1$=顾客满意度，$e_2$=商业信誉，$e_3$=环境影响度，$e_4$=能源消耗度，$e_5$=技术水平，$e_6$=产品性能（用合格产品的故障率表示）。该公司的市场部门和技术部门共同参与决策，分别考虑不同的属性指标，市场部门考虑的属性集合为 $A=\{e_1, e_2, e_3\}$，各属性的权重为 $\omega_1^1=0.35$，$\omega_2^1=0.35$，$\omega_3^1=0.3$；技术部门考虑的属性集合为 $B=\{e_4, e_5, e_6\}$，各属性的权重为 $\omega_1^2=0.25$，$\omega_2^2=0.38$，$\omega_3^2=0.37$。通过市场调查得到各部门的决策矩阵如下，其中部分指标的取值为实数，在计算过程中被视为特殊的区间灰数。

$$U_1=\begin{vmatrix}[0.82,\ 0.89] & [0.81,\ 0.89] & [0.21,\ 0.28]\\ [0.87,\ 0.94] & [0.86,\ 0.93] & [0.17,\ 0.25]\\ [0.79,\ 0.87] & [0.84,\ 0.90] & [0.22,\ 0.30]\\ [0.83,\ 0.88] & [0.82,\ 0.91] & [0.20,\ 0.25]\end{vmatrix}$$

$$U_2\begin{vmatrix}[0.27,\ 0.35] & [0.77,\ 0.89] & 8.9\\ [0.21,\ 0.32] & [0.85,\ 0.92] & 5.6\\ [0.29,\ 0.40] & [0.79,\ 0.88] & 7.3\\ [0.24,\ 0.31] & [0.81,\ 0.90] & 9.4\end{vmatrix}$$

首先根据式（8.1）和（8.2）对 $U_p=(u_{it}^p)_{n\times l_p}$ 进行规范化处理，得到专家 D_p 对各备选方案规范化后的决策矩阵：

$$X_1=\begin{vmatrix}[0.2000,\ 0.6667] & 0.0000,\ 0.6667] & [0.1538,\ 0.6923]\\ [0.5333,\ 1.0000] & [0.4167,\ 1.0000] & [0.3846,\ 1.0000]\\ [0.0000,\ 0.5333] & [0.2500,\ 0.7500] & [0.0000,\ 0.6154]\\ [0.2667,\ 0.6000] & [0.0833,\ 0.8333] & [0.3846,\ 0.7692]\end{vmatrix}$$

$$X_2=\begin{vmatrix}[0.2632,\ 0.6842] & [0.0000,\ 0.8000] & [0.1316,\ 0.1316]\\ [0.4211,\ 1.0000] & [0.5331,\ 0.0000] & [1.0000,\ 1.0000]\\ [0.0000,\ 0.5789] & [0.1333,\ 0.7333] & [0.5526,\ 0.5526]\\ [0.4737,\ 0.8421] & [0.2667,\ 0.8667] & [0.0000,\ 0.0000]\end{vmatrix}$$

由公式（8.3）将评价信息表示成灰软集（A；E_1），（B；E_2），再根据定义 8.3 对灰软集（F_p；E_p）（$p=1$，2）进行且运算，得到新的灰软集（H，$E_1\times E_2$），则合成后共有 $l=3\times3=9$ 个属性，设合成后的属性集合为 $E^*=\{e_1^*,\ e_2^*,\ \cdots,\ e_9^*\}$，$E^*$ 中的每个属性均是由 E_1 和 E_2 中各一个属性合成得到的，合成后每个属性的构成情况如表 8-1 所示。灰软集（F_1；E_1），（F_2；E_2）经过且运算后的决策矩阵如表 8-2 所示。

表 8-1　灰软集（F_1；E_1），（F_2；E_2）经过且运算后的属性构成

合成后属性	e_1^*	e_2^*	e_3^*	e_4^*	e_5^*	e_6^*	e_7^*	e_8^*	e_9^*
原始属性	e_1，e_4	e_1，e_5	e_1，e_6	e_2，e_4	e_2，e_5	e_2，e_6	e_3，e_4	e_3，e_5	e_3，e_6

表 8-2　灰软集 $(F_1;\ E_1)$，$(F_2;\ E_2)$ 经过且运算后的决策矩阵

	u_1	u_2	u_3	u_4
e_1^*	[0.2000, 0.6667]	[0.4211, 1.0000]	[0.0000, 0.5300]	[0.2667, 0.6000]
e_2^*	[0.0000, 0.6667]	[0.5333, 1.0000]	[0.0000, 0.5300]	[0.2667, 0.6000]
e_3^*	[0.1316, 0.1316]	[0.5333, 1.0000]	[0.0000, 0.5300]	[0.0000, 0.0000]
e_4^*	[0.0000, 0.6667]	[0.4167, 1.0000]	[0.0000, 0.5789]	[0.0833, 0.8333]
e_5^*	[0.0000, 0.6667]	[0.4167, 1.0000]	[0.1333, 0.7333]	[0.0833, 0.8333]
e_6^*	[0.0000, 0.1316]	[0.4167, 1.0000]	[0.2500, 0.5526]	[0.0000, 0.0000]
e_7^*	[0.1538, 0.6842]	[0.3846, 1.0000]	[0.0000, 0.5789]	[0.3846, 0.7692]
e_8^*	[0.0000, 0.6923]	[0.3846, 1.0000]	[0.0000, 0.6158]	[0.2667, 0.7692]
e_9^*	[0.1316, 0.1316]	[0.3846, 1.0000]	[0.2500, 0.5526]	[0.0000, 0.0000]

根据公式（8.4）求得合成后各属性的权重 ω_k^*，如表 8-3 所示。

表 8-3　合成后各属性的权重

属性	e_1^*	e_2^*	e_3^*	e_4^*	e_5^*	e_6^*	e_7^*	e_8^*	e_9^*
权重	0.0875	0.133	0.1295	0.0875	0.133	0.1295	0.075	0.114	0.111

由公式（8.5）得靶心距为：

$z^+=\{[0.4211,\ 1.0000],\ [0.5333,\ 1.0],\ [0.5333,\ 1.0],\ [0.4167,\ 1.0000]$
$[0.4167,\ 1.000],\ [0.4167,\ 1.000],\ [0.3846,\ 1.0000],\ [0.3846,\ 1.0000],\ [0.3846,\ 1.0000]\}$

再由公式（8.6）得各方案的靶心距为：

$$\varepsilon_1^+=0.3677\ ,\ \varepsilon_2^+=0.1631\ ,\ \varepsilon_3^+=0.3313\ ,\ \varepsilon_4^+=0.3717$$

则方案的优劣顺序为 $u_2>u_3>u_1>u_4$，故企业决策者可优先考虑供应商 u_2。

为了进一步说明本书提出的方法，下面采用刘思锋、党耀国等（2004）中经典的灰靶决策方法对上述问题进行求解。首先根据式（8.1）和（8.2）对原始数据进行规范化处理，然后根据由式（7.5）确定靶心，再由定义 2.2 计算得各方案的靶心距为：

$$\varepsilon_1^+=0.9892\ ,\ \varepsilon_2^+=0.6843\ ,\ \varepsilon_3^+=0.8953\ ,\ \varepsilon_4^+=0.9466$$

则方案的优劣顺序为 $u_2>u_3>u_4>u_1$，即 u_2 为最优方案。两种方法相比较，u_3

和 u_4 的排序出现了变动，由于本书考虑了不同决策者对不同属集的情况，不是对各方案的属性值进行简单的加权求和，首先对不同专家所考虑的属性集进行融合，其次对融合后的属性集下各方案的属性集进行加权求和。从原始决策矩阵数据分析来看，该变动是合理的，这表明了该方法的合理性和有效性，为多方参与决策且各决策者考虑的属性集不同的多属性排序择优问题，提供了一种更为合理的方法。

8.3 基于 D-S 证据理论的多属性决策模型

8.3.1 决策模型的构建

设方案集合为 $A=\{a_1, a_2, \cdots, a_n\}$，属性因素集合 $B=\{b_1, b_2, \cdots, b_m\}$，所以决策矩阵为 $S=\{u_{ij}=(a_i, b_j) \mid a_i \in A, b_j \in B\}$，$u_{ij}$ $(i=1, 2, \cdots, n; j=1, 2, \cdots, m)$ 为方案 a_i 在属性 b_j 下的属性值。该属性值并非一个精确数，而是一个三参数区间灰数，因此方案 a_i 在属性 b_j 下的属性值记为 $u_{ij} \in [\underline{u}_{ij}, \tilde{u}_{ij}, \bar{u}_{ij}]$ $(0 \leqslant \underline{u}_{ij} \leqslant \tilde{u}_{ij} \leqslant \bar{u}_{ij}, i=1, 2, \cdots, n; j=1, 2, \cdots, m)$，故方案 a_i 的效果评价向量记为 $u_i=(u_{i1}(\otimes), u_{i2}(\otimes), \cdots, u_{im}(\otimes))$。为了消除量纲和增加可比性，利用式（4.1）~（4.3）对数据进行规范化处理，则得到规范化的决策矩阵 $X=(x_{ij})_{n\times m}$，其中 $x_{ij} \in (\underline{x}_{ij}, \tilde{x}_{ij}, \bar{x}_{ij})$ 为 $[0, 1]$ 上的三参数区间灰数，表示方案 a_i 在属性 b_j 下的效果评价值。

定义 8.6 设 $x_j^-(\otimes)=\min\{(\underline{x}_{ij}+\tilde{x}_{ij}+\bar{x}_{ij})/3 \mid 1\leqslant i\leqslant n\}$ $(j=1, 2, \cdots, m)$，其对应的效果值记为 $[\underline{x}_{i1}^-, \tilde{x}_{i1}^-, \bar{x}_{i1}^-]$，称

$$x^-(\otimes)=\{x_1^-(\otimes),\cdots,x_m^-(\otimes)\}=\{[\underline{x}_{i1}^-,\tilde{x}_{i1}^-,\bar{x}_{i1}^-],[\underline{x}_{i1}^-,\tilde{x}_{i1}^-,\bar{x}_{i1}^-],\cdots,[\underline{x}_{i1}^-,\tilde{x}_{i1}^-,\bar{x}_{i1}^-]\} \tag{8.7}$$

为临界效果向量，也称为靶界点。

定义 8.7 设 $x_i=\{x_{i1}, x_{i2}, \cdots, x_{im}\}$ 为方案 a_i 的效果评价向量，$x^+=\{x_1^+, x_2^+, \cdots, x_m^+\}$ 为最优理想效果向量，$x^-=\{x_1^-, x_2^-, \cdots, x_m^-\}$ 为临界效果向量，则称：

$$\varepsilon_{ij}^{+}=3^{-\frac{1}{2}}\left[(\underline{x}_{ij}-\underline{x}_{ij}^{+})^{2}+(\tilde{x}_{ij}-\tilde{x}_{ij}^{+})^{2}+(\bar{x}_{ij}-\bar{x}_{ij}^{+})^{2}\right]^{\frac{1}{2}} \tag{8.8}$$

$$\varepsilon_{ij}^{-}=3^{-\frac{1}{2}}\left[(\underline{x}_{ij}-\underline{x}_{ij}^{-})^{2}+(\tilde{x}_{ij}-\tilde{x}_{ij}^{-})^{2}+(\bar{x}_{ij}-\bar{x}_{ij}^{-})^{2}\right]^{\frac{1}{2}} \tag{8.9}$$

分别为方案 a_i 与靶心和靶界点在属性 b_j 下的点靶心距和点靶边距。

在多属性决策问题中，如果方案与最优理想效果向量的距离越小，则方案越好；如果方案与临界效果向量的距离越大，则方案越好，也即在某个属性下，方案与理想点的距离越小，则在该属性下方案越好；方案与临界效果向量的距离越大，则在该属性下方案越好。

记 u_i 为方案 a_i 从属于最优理想效果向量的优属度，$1-u_i$ 为方案 a_i 从属于临界效果向量的优属度，则称

$$\varepsilon_{ij}=u_i\varepsilon_{ij}^{+}+(1-u_i)\varepsilon_{ij}^{-} \tag{8.10}$$

为方案 a_i 在属性 b_j 下的点靶心距。为了确定 u_i 则可建立如下的优化模型：

$$M2 \quad \mathrm{Min}\varepsilon_i=\sum_{j=1}^{m}((u_i\varepsilon_{ij}^{+})^{2}+((1-u_i)\varepsilon_{ij}^{-})^{2})$$

令 $\dfrac{\partial\varepsilon_i}{\partial u_i}=0$，得：

$$u_i=\frac{\sum_{j=1}^{m}(\varepsilon_{ij}^{-})^{2}}{\sum_{j=1}^{m}(\varepsilon_{ij}^{+})^{2}+\sum_{j=1}^{m}(\varepsilon_{ij}^{-})^{2}} \tag{8.11}$$

为了能够从多个备选方案中选择出最优方案，在利用证据理论对不同的证据信息进行融合的过程中，基本概率分配函数的构建是进行信息融合的关键。从上述分析中我们令

$$m_i(j)=\varepsilon_{ij} \tag{8.12}$$

其中，$m_i(j)$ 表示属性 b_j 下方案 a_i 的基本概率分配值。在决策的过程中，由于人类认知的局限性和实际问题的不确定性，故存在整体认知不确定的情况，因此某属性 b_j 下各方案的基本概率分配值之和小于1，即 $\sum_{i=1}^{n}m_i(j)<1$。为了提高决策的合理性，降低决策的不确定性，在本书中将这部分基本概率分配值赋给辨识框架 Θ 本身。从而，可以得到属性 b_j 下整体不确定性的基本概率分配函数：

$$m_{n+1}(j)=1-\sum_{i=1}^{n}m_i(j) \tag{8.13}$$

决策算法步骤如下：

步骤1　运用式（4.1）～（4.3）对非负三参数区间灰数评价矩阵进行规范化处理，得到各方案规范化的效果评价矩阵 $X=(r_{ij})_{n\times m}$。

步骤2　由式（8.5）和（8.7）求得靶心与靶界点。

步骤3　由式（8.8）和（8.9）求方案 a_i 与靶心和靶界点在属性 b_j 的点靶心距和点靶边距。

步骤4　由式（8.11）求解方案的优属度，再由式（8.10）计算方案 a_i 在属性 b_j 下的点靶心距。

步骤5　由式（8.12）构建基本概率分配函数，再由式（8.13）计算整体不确定性的基本概率分配函数。

步骤6　利用 Dempster 法则进行信息融合，根据信度函数最大化原则进行决策。

8.3.2　算例分析

某大型体育馆有 a_1，a_2，a_3，a_4 种备选方案，根据质量、成本、工期、安全、施工难度5种决策属性，因此因素集 $A=\{a_1, a_2, a_3, a_4\}$，属性集 $B=\{b_1, b_2, b_3, b_4, b_5\}$。

步骤1　规范化后的三参数区间灰数评价矩阵 $X(\otimes)=(x_{ij}(\otimes))_{4\times5}=$

$$\begin{vmatrix} [0.76,0.91,1.00] & [0.52,0.57,0.63] & [0.89,0.94,1.00] & [0.62,0.70,0.89] & [0.56,0.60,0.64] \\ [0.28,0.33,0.37] & [0.67,0.72,0.79] & [0.66,0.74,0.80] & [0.44,0.55,0.66] & [0.82,0.91,1.00] \\ [0.63,0.70,0.74] & [0.79,0.85,1.00] & [0.81,0.84,0.87] & [0.75,0.85,0.96] & [0.51,0.55,0.58] \\ [0.52,0.61,0.70] & [0.50,0.56,0.66] & [0.53,0.67,0.77] & [0.58,0.85,1.00] & [0.55,0.65,0.71] \end{vmatrix}$$

步骤2　由公式（8.5）和（8.7）求得靶心与靶界点分别为：

$x^+(\otimes)=([0.76,0.91,1.00],[0.79,0.85,1.00],[0.89,0.94,1.00],[0.58,0.85,1.00],[0.82,0.91,1.00])$

$x^-(\otimes)=([0.28,0.33,0.37],[0.50,0.56,0.66],[0.53,0.67,0.77],[0.44,0.55,0.66],[0.51,0.55,0.58])$

步骤3　由公式（8.8）和（8.9）求方案 a_i 与靶心和靶界点在属性 b_j 的点靶心距和点靶边距分别为：

$$\varepsilon_{ij}^+=\begin{bmatrix} 0 & 0.3099 & 0 & 0.1215 & 0.3127 \\ 0.5668 & 0.1585 & 0.2105 & 0.3033 & 0 \\ 0.2070 & 0 & 0.1054 & 0 & 0.3661 \\ 0.2814 & 0.5246 & 0.2917 & 0.1008 & 0.2736 \end{bmatrix},$$

$$\varepsilon_{ij}^{-}=\begin{bmatrix}0.5667 & 0.0216 & 0.2918 & 0.1895 & 0.0535\\ 0 & 0.1543 & 0.0869 & 0 & 0.3661\\ 0.3634 & 0.3075 & 0.1977 & 0.3033 & 0\\ 0.2857 & 0 & 0 & 0.2739 & 0.0974\end{bmatrix}$$

步骤 4　由式（8.11）求解方案的优属度：

$$u=\{0.6812,\ 0.2552,\ 0.6556,\ 0.3258\}$$

由式（8.10）计算方案 a_i 在属性 b_j 下的点靶心距：

$$\varepsilon_{ij}=\begin{bmatrix}0.1807 & 0.2180 & 0.0930 & 0.1432 & 0.2301\\ 0.1446 & 0.1554 & 0.1185 & 0.0774 & 0.2726\\ 0.2609 & 0.1059 & 0.1372 & 0.1045 & 0.2400\\ 0.2843 & 0.1001 & 0.0951 & 0.2175 & 0.1549\end{bmatrix}$$

步骤 5　由式（8.13）计算整体不确定性的基本概率分配函数：

$$m_5(1)=0.1294,\ m_5(2)=0.4205,$$
$$m_5(3)=0.7781,\ m_5(4)=0.4573,\ m_5(5)=0.1024$$

再由式（8.12）构建基本概率分配函数，则可得各指标下各方案的基本概率分配函数：

$$M=\begin{bmatrix}0.1807 & 0.2180 & 0.0930 & 0.1432 & 0.2301\\ 0.1446 & 0.1554 & 0.1185 & 0.0774 & 0.2726\\ 0.2609 & 0.1059 & 0.1372 & 0.1045 & 0.2400\\ 0.2843 & 0.1001 & 0.0951 & 0.2175 & 0.1549\\ 0.1294 & 0.4205 & 0.7781 & 0.4573 & 0.1024\end{bmatrix}$$

步骤 6　利用 Dempster 法则进行信息融合：

$$bel(a_1)=(m_1\oplus m_2\oplus m_3\oplus m_4\oplus m_5)(a_1)=0.1423$$
$$bel(a_2)=(m_1\oplus m_2\oplus m_3\oplus m_4\oplus m_5)(a_2)=0.1157$$
$$bel(a_3)=(m_1\oplus m_2\oplus m_3\oplus m_4\oplus m_5)(a_3)=0.1499$$
$$bel(a_4)=(m_1\oplus m_2\oplus m_3\oplus m_4\oplus m_5)(a_4)=0.1345$$
$$bel(a_1,\ a_2,\ a_3,\ a_4)=(m_1\oplus m_2\oplus m_3\oplus m_4\oplus m_5)(a_1,\ a_2,\ a_3,\ a_4)=0.0087$$

利用信度函数最大化的原则，可得方案的优劣顺序为 $a_3 > a_1 > a_4 > a_2$，故方案 a_3 为最优方案，本书决策结果与胡启洲和常玉林（2003）中的结果完全一致。从上述过程可以看出，整体不确定性由最初的平均值 37.35%降低到融合后的 0.87%，明显降低了人类主观认识的不确定性。因此，将 D-S 证据理论与灰靶决策相结合来处理决策问题，有助于提高决策的合理性。

8.4 基于调节系数的多属性灰靶决策模型

8.4.1 决策模型的构建

设方案集合为 $A=\{a_1, a_2, \cdots, a_n\}$，属性因素集合 $B=\{b_1, b_2, \cdots, b_m\}$，则决策矩阵为 $S=\{u_{ij}=(a_i, b_j) \mid a_i \in A, b_j \in B\}$，$u_{ij}$（$i=1, 2, \cdots, n$；$j=1, 2, \cdots, m$）为方案 a_i 在属性 b_j 下的属性值。该属性值并非一个精确数，而是一个三参数区间灰数，因此方案 a_i 在属性 b_j 下的属性值记为 $u_{ij} \in [\underline{u}_{ij}, \tilde{u}_{ij}, \bar{u}_{ij}]$ $(0 \leqslant \underline{u}_{ij} \leqslant \tilde{u}_{ij} \leqslant \bar{u}_{ij}, i=1, 2, \cdots, n; j=1, 2, \cdots, m)$。由此，可得决策矩阵为 $U=(u_{ij})_{n\times m}$。

熵在决策分析方面有着广泛的应用，根据同一属性下不同方案的评价值来计算属性的熵值，进而计算属性的客观权重。对于同一方案，属性值相差越大，熵值越小，赋予属性的客观权重越大。但运用熵在确定属性权重时，也存在一定的问题。由邱菀华（2011）的书中知，函数 $-p\log p(0<p<1)$ 在 $p<0.1$ 时迅速增长，在 $p=0.2$ 和 $p=0.6$ 范围内变化较为平缓，因此得到的属性客观权重过于集中于平均值，分辨率差，不能准确表示各个属性的重要程度。为了提高属性权重的分辨率，增大分散度，对 $U=(u_{ij})_{n\times m}$ 进行如下处理。

对于效益型目标：

$$\underline{x}_{ij}=\left(\frac{\underline{u}_{ij}}{\sum_{i=1}^{n}\bar{u}_{ij}}\right)^{\alpha}, \quad \tilde{x}_{ij}=\left(\frac{\tilde{u}_{ij}}{\sum_{i=1}^{n}\tilde{u}_{ij}}\right)^{\alpha}, \quad \bar{x}_{ij}=\left(\frac{\bar{u}_{ij}}{\sum_{i=1}^{n}\underline{u}_{ij}}\right)^{\alpha} \tag{8.14}$$

对于成本型目标：

$$\underline{x}_{ij}=\left(\frac{1}{\bar{u}_{ij}}\Big/\sum_{i=1}^{n}\frac{1}{\underline{u}_{ij}}\right)^{\alpha}, \quad \tilde{x}_{ij}=\left(\frac{1}{\tilde{u}_{ij}}\Big/\sum_{i=1}^{n}\frac{1}{\tilde{u}_{ij}}\right)^{\alpha}, \quad \bar{x}=\left(\frac{1}{\underline{u}_{ij}}\Big/\sum_{i=1}^{n}\frac{1}{\bar{u}}\right)^{\alpha} \tag{8.15}$$

其中，$\alpha \geqslant 1$ 为调节系数，能够提高属性客观权重的分散度。α 越大，各属性的客观权重越分散；α 越小，各个属性的权重越趋于平均值。则可得到调节系数矩阵 $X=(x_{ij})_{n\times m}$。

定义 8.8 记 $X=(x_{ij})_{n\times m}$ 为调节系数矩阵，则称：

$$H_{ij} = -\frac{1}{\ln(3)}(\underline{x}_{ij}\ln(\underline{x}_{ij}) + \tilde{x}_{ij}\ln(\tilde{x}_{ij}) + \bar{x}_{ij}\ln(\bar{x}_{ij})) \tag{8.16}$$

为方案 a_i 在属性 b_j 下的熵值。记

$$\omega_{ij} = H_{ij} / \sum_{j=1}^{m} H_{ij} \tag{8.17}$$

为方案 a_i 在属性 b_j 下的客观权重。则各方案在属性 b_1，b_2，…，b_m 下的客观权重为

$$\omega = \begin{bmatrix} \omega_{11} & \omega_{12} & \cdots & \omega_{1m} \\ \omega_{21} & \omega_{22} & \cdots & \omega_{2m} \\ \cdots & \cdots & \ddots & \cdots \\ \omega_{n1} & \omega_{n2} & \cdots & \omega_{nm} \end{bmatrix}$$

设 ω_j 为属性 b_j 的客观权重，为了得到分辨率高的属性客观权重，可建立如下的优化模型：

$$\begin{cases} \mathrm{Min}W = \sum_{i=1}^{n}\sum_{j=1}^{m}\omega_j \log\frac{\omega_j}{\omega_{ij}} \\ s.t. \sum_{j=1}^{m} w_j = 1,\ w_j \geqslant 0,\ (j=1,\ 2,\ \cdots,\ m) \end{cases}$$

求解上述模型，可得到属性权重向量的最优解为：

$$\omega_j^* = \prod_{i=1}^{n}\omega_{ij} / \sum_{j=1}^{m}\prod_{i=1}^{n}\omega_{ij} \tag{8.18}$$

对 ω_j^* 进行归一化处理，令：

$$\eta_j = \frac{\omega_j^*}{\sum_{j=1}^{m}\omega_j^*} \tag{8.19}$$

即 $\eta=(\eta_1,\ \eta_2,\ \cdots,\ \eta_m)$，$\eta_1+\eta_2+\cdots+\eta_m=1$，$\eta_j\geqslant 0$，$(j=1,\ 2,\ \cdots,\ m)$。

属性权重不仅与决策者所给的属性评价值有关，而且与决策者对属性的主观偏好有关，即属性具有主观权重。记决策给出的属性的主观权重为 $\lambda_j \in [\underline{\lambda}_j,\ \tilde{\lambda}_j,\ \bar{\lambda}_j]$ $(0\leqslant\underline{\lambda}_j\leqslant\tilde{\lambda}_j\leqslant\bar{\lambda}_j;\ j=1,\ 2,\ \cdots,\ m)$，采用均值面积法对 λ_j 进行处理，即：

$$\lambda_j' = \frac{\underline{\lambda}_j + 2\tilde{\lambda}_j + \bar{\lambda}_j}{4} \tag{8.20}$$

对 λ_j' 进行归一化处理，令：

$$\eta'_j = \frac{\lambda'_j}{\sum_{j=1}^{m} \lambda'_j} \tag{8.21}$$

即 $\eta' = (\eta'_1, \eta'_2, \cdots, \eta'_m)$，$\eta'_1+\eta'_2+\cdots+\eta'_m=1$，$\eta'_j \geqslant 0$，$(j=1, 2, \cdots, m)$。

为了得到一个更为客观实际的综合权重，使决策更加公正、科学，本书利用 D-S 合成法则将主观赋权法和客观赋权法进行集成。主观属性权重的基本概率分配为 $m_1(b_j) = \eta'_j(j = 1, 2, \cdots, m)$，客观属性权重的基本概率分配为 $m_2(b_j) = \eta_j(j = 1, 2, \cdots, m)$，利用 D-S 合成法则可以得到各属性的综合权重值 $m(b_j) = \xi_j(j = 1, 2, \cdots, m)$。

记方案 a_i 的效果评价向量记为 $u_i = (u_{i1}(\otimes), u_{i2}(\otimes), \cdots, u_{im}(\otimes))$，$(i = 1, 2, \cdots, n)$，为了消除量纲和增加可比性，利用（4.1）~（4.3）对效果样本矩阵 $U = (u_{ij})_{n\times m}$ 进行规范化处理，可得规范化的决策矩阵 $R = (r_{ij})_{n\times m}$。运用公式（5.4）求得正靶心，由得到的综合权重 $m(b_j)$ 和公式（5.8）计算正靶心距 ε_i^+，根据 ε_i^+ 大小对方案优劣排序，ε_i^+ 越小，方案越优。

决策算法步骤如下：

步骤 1　根据式（8.14）和（8.15）对 $U = (u_{ij})_{n\times m}$ 进行处理。

步骤 2　由式（8.16）和（8.17）求得方案 a_i 在属性 b_j 下的客观权重 ω_{ij}。

步骤 3　求解式（8.18）和（8.19）得属性的客观权重 $\eta=(\eta_1, \eta_2, \cdots, \eta_m)$。

步骤 4　由式（8.20）和（8.21）求得属性的主观权重 $\eta' = (\eta'_1, \eta'_2, \cdots, \eta'_m)$。

步骤 5　利用 D-S 合成法则可以得到各属性的综合权重值 $m(b_j) = \xi_j(j=1, 2, \cdots, m)$。

步骤 6　根据式（4.1）~（4.3）对决策矩阵 $U = (u_{ij})_{n\times m}$ 进行规范化处理，由（5.4）式得靶心，由（5.8）式计算方案的靶心距，则 ε_i^+ 越小，方案越优。

8.4.2　算例分析

某单位在对干部进行考核选拔时，制定了 6 项考核属性：思想品德（b_1）、工作态度（b_2）、工作作风（b_3）、文化水平和知识结构（b_4）、领导能力（b_5）、开拓能力（b_6）。现有 5 名候选人，每个候选人在各属性下的值均以三参数区间数形式给出（如表 8-4 所示）。请多位专家分别给出权重集和评价矩阵，然后统计计算，最后得到规一化的属性的主观权重向量为 $\lambda_j = (\lambda_1, \lambda_2, \cdots, \lambda_6)$，其中 $\lambda_1 \in [0.15, 0.17, 0.20]$，$\lambda_2 \in [0.10, 0.14, 0.20]$，$\lambda_3 \in [0.16, 0.17,$

0.20]，$\lambda_4 \in [0.05, 0.08, 0.10]$，$\lambda_5 \in [0.18, 0.19, 0.20]$，试对5名候选人进行排序并确定最佳人选。

表8-4 决策矩阵

	b_1	b_2	b_3	b_4	b_5	b_6
a_1	[80, 85, 90]	[90, 92, 95]	[91, 94, 95]	[93, 96, 99]	[90, 91, 92]	[95, 97, 99]
a_2	[90, 95, 99]	[89, 90, 93]	[90, 92, 95]	[90, 92, 95]	[94, 97, 98]	[90, 93, 95]
a_3	[88, 91, 95]	[84, 86, 90]	[91, 94, 97]	[91, 94, 96]	[86, 89, 92]	[91, 92, 94]
a_4	[85, 87, 90]	[91, 93, 95]	[85, 88, 90]	[86, 89, 93]	[87, 90, 94]	[92, 93, 96]
a_5	[86, 89, 95]	[90, 92, 95]	[90, 95, 97]	[91, 93, 95]	[90, 92, 96]	[85, 87, 90]

步骤1 根据式（8.14）和（8.15）对 $U=(u_{ij})_{n\times m}$ 进行处理，取 $\alpha=4$。

步骤2 由式（8.16）和（8.17）求得方案 a_i 在属性 b_j 下的客观权重为：

$$\omega=\begin{bmatrix} 0.1384 & 0.1695 & 0.1676 & 0.1809 & 0.1556 & 0.1880 \\ 0.1958 & 0.1577 & 0.1606 & 0.1570 & 0.1689 & 0.1600 \\ 0.1799 & 0.1416 & 0.1779 & 0.1717 & 0.1646 & 0.1643 \\ 0.1637 & 0.1717 & 0.1492 & 0.1563 & 0.1756 & 0.1835 \\ 0.1732 & 0.1757 & 0.1790 & 0.1679 & 0.1672 & 0.1370 \end{bmatrix}$$

步骤3 由式（8.18）和（8.19）得属性的客观权重：

$$\eta_1=0.1919,\ \eta_2=0.1503,\ \eta_3=0.1684$$
$$\eta_4=0.1686,\ \eta_5=0.1672,\ \eta_6=0.1636$$

步骤4 由式（8.20）和（8.21）求得属性的主观权重：

$$\eta'_1=0.1382,\ \eta'_2=0.1667,\ \eta'_3=0.1321$$
$$\eta'_4=0.1789,\ \eta'_5=0.1869,\ \eta'_6=0.1972$$

步骤5 利用D-S合成法则可以得到各属性的综合权重值：

$$\xi_1=0.1513,\ \xi_2=0.1508,\ \xi_3=0.1340$$
$$\xi_4=0.1815,\ \xi_5=0.1882,\ \xi_6=0.1942$$

步骤6 根据式（4.1）~（4.3）对决策矩阵进行规范化处理，由（5.4）式得到靶心：

$$z^+(\otimes)=([0.5263,0.7894,1.0],[0.6364,0.8182,1.0],[0.5,0.75,1.0],$$
$$[0.5385,0.7692,1.0],[0.6667,0.9167,1.0],[0.7143,0.8571,1.0])$$

由式（5.8）计算方案的靶心距：

$$\varepsilon_1^+ = 0.4239,$$
$$\varepsilon_2^+ = 0.3828,$$
$$\varepsilon_3^+ = 0.5154,$$
$$\varepsilon_4^+ = 0.5288,$$
$$\varepsilon_5^+ = 0.5003$$

则方案优劣排序如下 $A_2 > A_1 > A_5 > A_3 > A_4$，即 A_2 为最优方案，与汪新凡（2008）中的结果完全吻合。与汪新凡（2008）中的公式相比，本书的计算公式简单，内容更容易理解，便于操作，实际应用价值更广。运用 D-S 证据理论对客观权重和主观权重进行融合，充分体现了主观与客观的有效结合。

在式（8.14）和（8.15）中，α 的不同取值，计算结果也会不同。表 8-5 给出 $\alpha = 1, 2, \cdots, 7$ 时各指标的客观权重：可以看出 α 越大，各指标的客观权重排序不变，但分布分散度增加；表 8-6 给出了各方案的综合值：可以看出 α 越大，方案的综合值排序也不变，且分布的分散度较稳定。这说明 α 的取值大小不会改变结果的排序，也不会显著改变综合值的分散度，但会使相关权重分布分散度增加，权重层次效果更明显，更有利于决策者给出决策意见。

表 8-5　α 取不同值时各属性的客观权重

	$\alpha=1$	$\alpha=2$	$\alpha=3$	$\alpha=4$	$\alpha=5$	$\alpha=6$	$\alpha=7$
η_1	0.1665	0.1693	0.1744	0.1919	0.1920	0.2048	0.2205
η_2	0.1654	0.1611	0.1560	0.1503	0.1439	0.1370	0.1295
η_3	0.1671	0.1679	0.1684	0.1684	0.1682	0.1674	0.1661
η_4	0.1671	0.1680	0.1685	0.1686	0.1683	0.1674	0.1659
η_5	0.1668	0.1668	0.1669	0.1672	0.1674	0.1676	0.1676
η_6	0.1671	0.1669	0.1658	0.1636	0.1602	0.1558	0.1504

表 8-6　α 取不同值时各方案的综合值

	$\alpha=1$	$\alpha=2$	$\alpha=3$	$\alpha=4$	$\alpha=5$	$\alpha=6$	$\alpha=7$
ε_1^+	0.4185	0.4194	0.4212	0.4239	0.4274	0.4319	0.4373
ε_2^+	0.3825	0.3827	0.3827	0.3828	0.3828	0.3827	0.3826
ε_3^+	0.5196	0.5183	0.5169	0.5154	0.5137	0.5119	0.5099
ε_4^+	0.5255	0.5264	0.5276	0.5288	0.5303	0.5318	0.5333
ε_5^+	0.5002	0.5006	0.5006	0.5003	0.4997	0.4988	0.4976

8.5 区间灰数信息下的风险型动态多属性决策模型

8.5.1 问题的描述

设某一动态多属性决策问题，方案集合为 $A=\{a_1, a_2, \cdots, a_n\}$，属性因素集合 $B=\{b_1, b_2, \cdots, b_m\}$，相应的属性权重为 ω_j 且满足 $\xi_j \leqslant \omega_j \leqslant \zeta_j$，$\xi_j \leqslant \zeta_j$ 且 ξ_j，$\zeta_j \in [0, 1]$，$\sum_{j=1}^{m}\omega_j=1$，$T=\{t_1, t_2, \cdots, t_h\}$ 是对可行性方案所考察时间序列，相应的时间权重为 λ_l 且满足 $\sum_{l=1}^{p}\lambda_l=1$。$u_{ij}^l(\otimes)(i=1, 2, \cdots, n; j=1, 2, \cdots, m; l=1, 2, \cdots, h)$ 为方案 a_i 在时间 t_l 下关于属性 b_j 的效果样本值，该效果样本值是一个区间灰数，记为 $u_{ij}^l(\otimes) \in [\underline{u}_{ij}^l, \tilde{u}_{ij}^l](0 \leqslant \underline{u}_{ij}^l \leqslant \tilde{u}_{ij}^l)$，则可得时间 t_l 下的决策矩阵为 $U^l=(u_{ij}^l(\otimes))_{n\times m}$。

为了消除量纲和增加可比性，对效果评价值进行如下变换。

对于效益型目标：

$$\underline{r}_{ij}^l=\frac{\underline{u}_{ij}^l-\underline{u}_j^{l\nabla}}{\bar{u}_j^{l\Delta}-\underline{u}_j^{l\nabla}},\quad \bar{r}_{ij}^l=\frac{\bar{u}_{ij}^l-\underline{u}_j^{l\nabla}}{\bar{u}_j^{l\Delta}-\underline{u}_j^{l\nabla}} \tag{8.22}$$

对于成本型目标：

$$\underline{r}_{ij}^l=\frac{\bar{u}_j^{l\Delta}-\bar{u}_{ij}^l}{\bar{u}_j^{l\Delta}-\underline{u}_j^{l\nabla}},\quad \bar{r}_{ij}^l=\frac{\bar{u}_j^{l\Delta}-\underline{u}_{ij}^l}{\bar{u}_j^{l\Delta}-\underline{u}_j^{l\nabla}} \tag{8.23}$$

其中，$\bar{u}_j^{l\Delta}=\max\limits_{1\leqslant i\leqslant n}\{\bar{u}_{ij}^l\}$，$\underline{u}_j^{l\nabla}=\min\limits_{1\leqslant i\leqslant n}\{\underline{u}_{ij}^l\}$，可得时间 t_l 下规范化的决策矩 $R^l=(r_{ij}^l(\otimes))$，其中 $r_{ij}^l(\otimes)\in(\underline{r}_{ij}^l, \bar{r}_{ij}^l)$ 为 $[0, 1]$ 上的区间灰数。

8.5.2 决策模型的构建

8.5.2.1 时间权重的确定

对于动态决策问题，为了得到合理的评价结果，如何科学地确定时间样本

点的权重是重点。时间权量是对不同时刻重视程度的体现，根据灰色系统理论的“新信息优先原理”新信息对认知的作用大于老信息，即时点越近证据信息将越丰富，对决策判断越有效。由于信息不完全的决策系统具有一定的波动性，确定时点权重应使权重序列的波动性尽量减少，本书采用方差与时间度相结合的方法来确定时间点的权重。

定义 8.9 $\tau=\sum_{l=1}^{h}\frac{h-l}{h-1}\lambda_l$，则称 τ 为时间度。

特别地，当 $W=(1,0,\cdots,0)$ 时，$\tau=0.5$；当 $W=(0,0,\cdots,1)$ 时，$\tau=0$；当 $W=\left(\frac{1}{h},\frac{1}{h},\cdots,\frac{1}{h}\right)$ 时，$\tau=0.5$。

时间度 τ 的大小反映了决策者对时序的偏好程度，τ 越大反映评价者越重视远期时间点的数据；τ 越小反映评价者越重视近期时间点的数据。时间度的标度参考如表 8-7 所示。

表 8-7 时间度 τ 的标度参考

标度赋值	含义
0.1	非常重视近期数据
0.3	较重视近期数据
0.5	同等重视所有时期数据
0.7	较重视远期数据
0.9	非常重视远期数据
0.2，0.4，0.6，0.8	表示上述判断的中间值

在时间 t_l 下，记 $r_j^{l+}(\otimes)=\mathrm{Max}\{(\underline{r}_{ij}^{l}+\overline{r}_{ij}^{l})/2|1\leqslant i\leqslant n\}(j=1,2,\cdots,m)$，则称

$$r^{l+}(\otimes)=\{r_1^{l+}(\otimes),\cdots,r_m^{l+}(\otimes)\}=\{[\underline{r}_{i1}^{l+},\overline{r}_{i1}^{l+}],[\underline{r}_{i2}^{l+},\overline{r}_{i2}^{l+}],\cdots,[\underline{r}_{im}^{l+},\overline{r}_{im}^{l+}]\}$$

为在 t_l 阶段属性 b_j 下的靶心，由此可得在时间 t_l 下方案 a_i 与靶心的距离为：

$$\varepsilon_i^{l+}=\sum_{j=1}^{m}\sqrt{\left[\left(\frac{\underline{r}_{ij}^{l}+\overline{r}_{ij}^{l}}{2}\right)-\left(\frac{\underline{r}_{ij}^{l+}+\overline{r}_{ij}^{l+}}{2}\right)\right]^2+\frac{1}{3}\left[\left(\frac{\underline{r}_{ij}^{l}-\overline{r}_{ij}^{l}}{2}\right)^2+\left(\frac{\underline{r}_{ij}^{l+}-\overline{r}_{ij}^{l+}}{2}\right)^2\right]} \tag{8.24}$$

则时间 t_l 下的总靶心距为：

$$\varepsilon^{l+} = \sum_{i=1}^{n} \varepsilon_i^{l+} \tag{8.25}$$

依据事先给定的时间度 τ，充分挖掘样本的信息，同时考虑被评价对象在时序上的波动性，以寻找一组最稳定的时间权重系数来集结样本值，使其波动性最小。本书采用熵与时间度相结合的方法来确定时间权重，记：

$$H = -\sum_{l=1}^{p} (\lambda_l \varepsilon^{l+}) \ln(\lambda_l \varepsilon^{l+})$$

为时间序列下所有方案靶心距的熵。为了寻找一组最稳定的时间权重系数来集结样本值，则可建立如下的优化模型：

$$M_1 \text{Min} H = -\sum_{l=1}^{p} (\lambda_l \varepsilon^{l+}) \ln(\lambda_l \varepsilon^{l+})$$

$$\text{s.t.} \begin{cases} \tau = \sum_{l=1}^{h} \dfrac{h-l}{h-1} \lambda_l \\ \sum_{l=1}^{h} \lambda_l = 1, \ \lambda_l \in [0, 1], \ l = 1, 2, \cdots, h \end{cases}$$

根据给定的时其间度 τ，求解该模型得到时间点的权重向量。

由求解的时间点权重模型 M_1，可以得到静态下的决策矩阵 $Z = [z_{ij}]_{n\times m}$，其中 $z_{ij} = \sum_{l=1}^{p} r_{ij}^{l}(\otimes) \lambda_l$。

8.5.2.2　属性权重的确定

前景价值由价值函数和决策权重共同决定，即：

$$V = \sum_{i=1}^{n} \pi(p_i) v(y_i)$$

其中，V 为前景价值；$\pi(p)$ 为决策权重，是概率评价性的单调增函数；$v(y)$ 为价值函数，是决策者主观感受形成的价值。

在前景理论中，当决策者面临风险时，将根据已选取的参考点来衡量预期与结果的差距，从而判断决策的收益和损失。对于参考点的选取，目前的研究主要是选取正负理想方案、零点或期望值这些固定点，对于固定的参考点而言，每一方案要么是收益要么是损失。第三代前景理论指出参考点实际上可以变化的，当参考点是变化的时，每一方案相对于参考方案可能面临的是收益，也可能面临的损失，则前景值是收益和损失的综合值，这样的结果更能说明方案的收益和损失。基于此观点，对于方案 a_i，本书以其他备选方案作为参考点，则得到如下的前景价值函数：

$$v(z_{ijk})=\begin{cases}(d(z_{ij}(\otimes),\ z_{kj}(\otimes)))^{\alpha} & z_{ij}(\otimes)\geqslant z_{kj}(\otimes)\\ -\theta\,(d(z_{ij}(\otimes),\ z_{kj}(\otimes)))^{\beta} & z_{ij}(\otimes)<z_{kj}(\otimes)\end{cases} \tag{8.26}$$

其中，参数 α 和 β 分别表示收益和损失区域价值幂函数的凹凸程度，α、$\beta<1$ 表示敏感性递减；系数 θ 表示损失区域比收益区域更陡的特征，$\theta>1$ 表示损失厌恶。

根据 Kahneman 和 Tversky（1979）中给出的前景权重函数，由此可得方案 a_i 在属性 b_j 下前景值为：

$$V_{ij}=\sum_{k\neq i}^{n}v(z_{ijk})\,\pi_{ijk}$$

其中，当 $z_{ij}(\otimes)\geqslant z_{kj}(\otimes)$ 时，$\pi_{ijk}=\pi^{+}(\omega_j)$；当 $z_{ij}(\otimes)<z_{kj}(\otimes)$ 时，$\pi_{ijk}=\pi^{-}(\omega_j)$。从而，方案 a_i 的综合前景值为：

$$V_i=\sum_{j=1}^{m}V_{ij}=\sum_{j=1}^{m}\sum_{j\neq i}^{n}v(z_{ijk})\,\pi_{ijk} \tag{8.27}$$

根据 Kaheman 和 Tversky（1979）中前景价值函数的提出者 Tversky 等的研究结果，前景效用价值函数和前景权重函数中的参数取值参见 2.4 节。

因各方案是公平竞争的，为此利用多目标规划方法构建优化模型。对于每个方案 a_i 而言，其综合前景值总是越大越好。因此可建立优化模型：

$$M_2\quad \mathrm{Max}V=\sum_{i=1}^{n}\sum_{j=1}^{m}V_{ij}=\sum_{i=1}^{n}\sum_{j=1}^{m}\sum_{j\neq i}^{n}v(z_{ijk})\,\pi_{ijk}$$

$$\text{s.t.}\begin{cases}\sum_{j=1}^{m}\omega_j=1,\ \omega_j\geqslant 0\\ \xi_j\leqslant\omega_j\leqslant\zeta_j,\ \xi_j\leqslant\zeta_j\text{ 且 }\xi_j,\ \zeta_j\in[0,\ 1]\end{cases}$$

求解上述模型 M_2，可得到属性权重向量的最优解 $w^*=(w_1^*,\ w_2^*,\ \cdots,\ w_s^*)$。

8.5.2.3　决策算法步骤

步骤 1　根据式（8.22）和（8.23）对决策矩阵 $U^l=(u_{ij}^l(\otimes))_{n\times m}$ 进行规范化处理，可得时间 t_l 下规范化的决策矩 $R^l=(r_{ij}^l(\otimes))$。

步骤 2　由式（8.24）和（8.25）计算在不同时间段 t_l 下的总靶心距。

步骤 3　求解时点权重模型 M_1，得到时间段的权重 λ_l，得到静态下的决策矩阵 $Z=[z_{ij}]_{n\times m}$。

步骤 4　由式（8.26）得到其前景价值函数 $v(z_{ijk})$。

步骤 5　求解优化模型 M_2，得到属性的权重向量。

步骤 6　根据式（8.27）求得各方案的综合前景值，依据综合前景值判断方案的优劣。

8.5.3 案例分析

快速发展的工业化导致能源消耗过快，急剧的城市化使在人口密集的城市中心风速减小，导致人类活动排放的大量污染物无法及时扩散等都为污染物的低空积聚创造有利条件，导致雾霾天气不断增加。苏南是我国近代民族工业发祥地，是我国经济社会最发达、现代化程度最高的地区之一，肩负着率先基本实现现代化的重任，在全国现代化建设中具有重要地位。而苏南五市作为苏南现代化的示范区，近几年也遭遇了严重的雾霾天气，因此我们有必要对苏南五市的雾霾天气进行评估研究。本书根据 2012 年环境保护部批准发布的《环境空气质量标准》（GB 3095-2012）规定空气质量评价标准，结合苏南五市雾霾的情况，又由于雾霾天气的突发性强、可变性强、持续时间相对较短的特点，选取 2014 年 11 月~2015 年 2 月苏南五市各指标的浓度范围作为评价值，从各监测站获取的数据如表 8-8~8-12 所示。决策者给出的不完全权重信息为：$0.15\leqslant\omega_1\leqslant0.25$，$0.15\leqslant\omega_2\leqslant0.3$，$0.05\leqslant\omega_3\leqslant0.15$，$0.1\leqslant\omega_4\leqslant0.19$，$0.1\leqslant\omega_5\leqslant0.2$，试对苏南五市的雾霾天气进行评估研究。

表 8-8　2014 年 12 月~2015 年 2 月南京市各指标的浓度范围

	PM2.5（$\mu g/m^3$）	PM10（$\mu g/m^3$）	CO（mg/m^3）	NO_2（$\mu g/m^3$）	SO_2（$\mu g/m^3$）
11 月	[35，203]	[37，274]	[0.51，1.77]	[35，91]	[5，35]
12 月	[19，119]	[80，246]	[0.43，1.89]	[31，82]	[17，48]
1 月	[32，230]	[39，282]	[0.51，2.13]	[32，118]	[6，56]
2 月	[24，162]	[24，249]	[0.54，1.84]	[18，76]	[5，71]

表 8-9　2014 年 12 月~2015 年 2 月苏州市各指标的浓度范围

	PM2.5（$\mu g/m^3$）	PM10（$\mu g/m^3$）	CO（mg/m^3）	NO_2（$\mu g/m^3$）	SO_2（$\mu g/m^3$）
11 月	[33，152]	[29，162]	[0.54，1.64]	[21，95]	[12，49]
12 月	[36，138]	[55，214]	[0.65，1.66]	[42，108]	[19，60]
1 月	[24，171]	[30，216]	[0.45，2.03]	[39，120]	[12，60]
2 月	[16，179]	[24，218]	[0.49，1.77]	[18，93]	[8，62]

表 8-10 2014 年 12 月~2015 年 2 月无锡市各指标的浓度范围

	PM2.5（μg/m³）	PM10（μg/m³）	CO（mg/m³）	NO_2（μg/m³）	SO_2（μg/m³）
11 月	[44，154]	[62，231]	[0.82，1.9]	[29，82]	[15，54]
12 月	[36，136]	[70，207]	[0.91，2.08]	[31，79]	[29，72]
1 月	[29，161]	[47，213]	[0.92，2.34]	[29，103]	[15，78]
2 月	[19，182]	[27，258]	[0.66，1.72]	[16，60]	[9，57]

表 8-11 2014 年 12 月~2015 年 2 月常州市各指标的浓度范围

	PM2.5（μg/m³）	PM10（μg/m³）	CO（mg/m³）	NO_2（μg/m³）	SO_2（μg/m³）
11 月	[23，160]	[32，207]	[0.57，2.14]	[26，79]	[14，72]
12 月	[19，137]	[49，193]	[0.77，1.78]	[26，73]	[27，72]
1 月	[29，194]	[44，250]	[0.68，2.57]	[21，113]	[19，102]
2 月	[20，196]	[34，269]	[0.63，1.85]	[13，65]	[8，50]

表 8-12 2014 年 12 月~2015 年 2 月镇江市各指标的浓度范围

	PM2.5（μg/m³）	PM10（μg/m³）	CO（mg/m³）	NO_2（μg/m³）	SO_2（μg/m³）
11 月	[25，145]	[27，214]	[0.67，1.66]	[23，91]	[7，51]
12 月	[27，114]	[68，211]	[0.84，1.87]	[26，91]	[18，61]
1 月	[24，195]	[26，249]	[0.75，2.13]	[21，131]	[7，103]
2 月	[18，169]	[26，235]	[0.78，1.66]	[17，61]	[6，47]

为了消除量纲和增加可比性，采用公式（8.22）和（8.23）对上述数据进行规范化处理，得到归一化的评价矩阵如下：

$$R_1 = \begin{bmatrix} [0.5522, 1.0000] & [0.0541, 0.8108] \\ [0.3433, 0.8956] & [0.0000, 1.0000] \\ [0.2687, 0.8507] & [0.1757, 0.8919] \\ [0.0000, 0.8657] & [0.2162, 0.9324] \\ [0.3134, 0.9701] & [0.0541, 0.9729] \end{bmatrix}$$

$$
\left.\begin{array}{ccc}
[0.0000,\ 0.9595] & [0.0000,\ 0.9333] & [0.2269,\ 1.0000] \\
[0.4534,\ 0.9919] & [0.2833,\ 0.9444] & [0.3067,\ 0.9816] \\
[0.1741,\ 0.8583] & [0.2722,\ 0.8833] & [0.1472,\ 0.8098] \\
[0.2713,\ 0.9797] & [0.2389,\ 1.0000] & [0.0000,\ 0.9632] \\
[0.2429,\ 1.0000] & [0.3222,\ 0.9889] & [0.2945,\ 0.9018]
\end{array}\right]
$$

$$
R_2 = \left[\begin{array}{cc}
[0.1597,\ 1.0000] & [0.0000,\ 0.8426] \\
[0.0000,\ 0.8571] & [0.1624,\ 0.9695] \\
[0.0168,\ 0.8571] & [0.1979,\ 0.8934] \\
[0.0084,\ 1.0000] & [0.2690,\ 1.0000] \\
[0.2017,\ 0.9328] & [0.1777,\ 0.9036]
\end{array}\right.
$$

$$
\left.\begin{array}{ccc}
[0.1152,\ 1.0000] & [0.3171,\ 0.9390] & [0.5303,\ 1.0000] \\
[0.2546,\ 0.8667] & [0.0000,\ 0.8049] & [0.3485,\ 0.9697] \\
[0.0000,\ 0.7091] & [0.3537,\ 0.9390] & [0.1667,\ 0.8182] \\
[0.1818,\ 0.7939] & [0.4268,\ 1.0000] & [0.0000,\ 0.8485] \\
[0.1273,\ 0.7515] & [0.2073,\ 0.9512] & [0.3333,\ 0.9845]
\end{array}\right]
$$

$$
R_3 = \left[\begin{array}{cc}
[0.0000,\ 0.9612] & [0.0000,\ 0.9492] \\
[0.2864,\ 1.0000] & [0.2578,\ 0.9844] \\
[0.3349,\ 0.9757] & [0.1914,\ 0.9179] \\
[0.2476,\ 0.9757] & [0.1250,\ 0.9297] \\
[0.1699,\ 1.0000] & [0.1289,\ 1.0000]
\end{array}\right.
$$

$$
\left.\begin{array}{ccc}
[0.2075,\ 0.9717] & [0.1182,\ 0.9000] & [0.4845,\ 1.0000] \\
[0.3019,\ 1.0000] & [0.1000,\ 0.8364] & [0.4433,\ 0.9381] \\
[0.1085,\ 0.7783] & [0.2545,\ 0.9273] & [0.2577,\ 0.8763] \\
[0.0000,\ 0.8915] & [0.1636,\ 1.0000] & [0.0103,\ 0.8659] \\
[0.2075,\ 0.8585] & [0.0000,\ 1.0000] & [0.0000,\ 0.9897]
\end{array}\right]
$$

$$
R_4 = \left[\begin{array}{cc}
[0.1889,\ 0.9556] & [0.0816,\ 1.0000] \\
[0.0944,\ 1.0000] & [0.2082,\ 1.0000] \\
[0.0778,\ 0.9833] & [0.0449,\ 0.9877] \\
[0.0000,\ 0.9778] & [0.0000,\ 0.9592] \\
[0.1500,\ 0.9889] & [0.1388,\ 0.9918]
\end{array}\right.
$$

$$\begin{matrix} [0.0074, 0.9632] & [0.2125, 0.9375] & [0.0000, 1.0000] \\ [0.0588, 1.0000] & [0.0000, 0.9375] & [0.1364, 0.9545] \\ [0.0956, 0.8750] & [0.4125, 0.9625] & [0.2121, 0.9091] \\ [0.0000, 0.8971] & [0.3500, 1.0000] & [0.3182, 0.9545] \\ [0.1397, 0.7868] & [0.4000, 0.9500] & [0.3636, 0.9848] \end{matrix} \Bigg]$$

由式（8.24）和（8.25）计算在不同时间段 t_l 下的总靶心距

$$\varepsilon^{1+} = 2.3973, \ \varepsilon^{2+} = 2.4759, \ \varepsilon^{3+} = 2.5451, \ \varepsilon^{4+} = 2.7931$$

根据给定的时间度 τ，建立时间点权重的优化模型。实例中共有 4 年的数据，即 $p = 4$，决策者根据自己的知识经验和实地考察，经过决策者决议时间度取值为 0.3，又根据《环境空气质量标准》各评价属性缺一不可，因此各属性的确权必须满足一定的条件，本书规定每个属性的权重在 $0.15 \leqslant \omega_j \leqslant 0.5$，则可建立求解时点权重模型 M_1 如下：

$$\text{Max} = -((2.3973\lambda_1)\ln(2.3973\lambda_1) + (2.4759\lambda_2)\ln(2.4759\lambda_2) + (2.5451\lambda_3)\ln(2.5451\lambda_3) + (2.7931\lambda_4)\ln(2.7931\lambda_4))$$

$$\begin{cases} \lambda_1 + \dfrac{2}{3}\lambda_2 + \dfrac{1}{3}\lambda_3 + 0 * \lambda_4 = 0.3 \\ \sum\limits_{l=1}^{4} \lambda_l = 1, \ \lambda_l \in [0.15, 0.5] \end{cases}$$

求解上述模型，则得到 4 个时间段的权重为：

$$\lambda_1 = 0.175, \ \lambda_2 = 0.213, \ \lambda_3 = 0.247, \ \lambda_4 = 0.365$$

由此得到的时间权重可以得到静态下的决策矩阵：

$$Z = \begin{bmatrix} [0.1996,0.9742] & [0.0393,0.9208] & [0.0785,0.9725] & [0.1743,0.9278] & [0.2724,1.0000] \\ [0.1653,0.9513] & [0.1743,0.9896] & [0.2296,0.9702] & [0.0743,0.8855] & [0.2872,0.9585] \\ [0.1617,0.9314] & [0.1366,0.9336] & [0.0922,0.8129] & [0.3364,0.9349] & [0.2024,0.8643] \\ [0.0629,0.9624] & [0.1260,0.9559] & [0.0862,0.8882] & [0.3009,1.0000] & [0.1187,0.9116] \\ [0.1945,0.9764] & [0.1298,0.9717] & [0.1719,0.8343] & [0.2465,0.9694] & [0.2553,0.9715] \end{bmatrix}$$

根据定义 2.7 中区间灰数大小比较公式，对每一方案的效果值 $z_{ij}(\otimes)$ 与其他方案的效果值 $z_{kj}(\otimes)$ 进行比较，根据式（8.26）得到其前景价值函数 $v(z_{ijk})$；再由当 $z_{ij}(\otimes) \geqslant z_{kj}(\otimes)$ 时，$\pi_{ijk} = \pi^{+}(\omega_j)$；当 $z_{ij}(\otimes) < z_{kj}(\otimes)$ 时，$\pi_{ijk} = \pi^{-}(\omega_j)$，则由式（8.27）求得各方案的综合前景值。

对于每个方案 a_i 而言，其综合前景值总是越大越好，因此可建立优化模型 M_2 如下：

$$\text{Max} = 1.4281\pi^+(\omega_1) + 1.5311\pi^+(\omega_2) + 1.3677\pi^+(\omega_3) + 1.2732\pi^+(\omega_4) + 1.2184\pi^+(\omega_5) - 3.2132\pi^-(\omega_1) - 3.445\pi^-(\omega_2) - 3.0774\pi^-(\omega_3) - 2.86485\pi^-(\omega_4) - 2.7475\pi^-(\omega_5)$$

$$s.t.\begin{cases} 0.15 \leqslant \omega_1 \leqslant 0.25,\ 0.15 \leqslant \omega_2 \leqslant 0.3, \\ 0.05 \leqslant \omega_3 \leqslant 0.15,\ 0.1 \leqslant \omega_4 \leqslant 0.19, \\ 0.1 \leqslant \omega_5 \leqslant 0.20 \\ \sum_{j=1}^{m} \omega_j = 1,\ \omega_j \geqslant 0 \end{cases}$$

采用 LINGO9.0 求解上述模型，得到最优权重效果向量为：

$$\omega^* = (0.25,\ 0.3,\ 0.15,\ 0.19,\ 0.11)$$

由式（8.27）求得各方案的综合前景值为：

$$V_1 = -0.3637,\ V_2 = -0.08,\ V_3 = -0.8318,\ V_4 = -0.8023,\ V_5 = -0.0953$$

则方案优劣排序如下 $a_2 > a_5 > a_1 > a_4 > a_3$，即 a_2 为最优方案。

对于本书的排序结果，从数据直接来看，PM2.5 和 PM10 是造成雾霾的罪魁祸首，而苏州和镇江的 PM2.5 和 PM10 浓度是五市中最低的，且两者差距不大，南京、常州和无锡的 PM2.5 和 PM10 的浓度相对比较大；此外，对苏州来说，除了 NO_2 的浓度在五市中较高之外，其余四个属性的浓度在五市中都是最低，因此于其他两两方案相比苏州的收益大于损失，因此空气质量状况最优是合理的；对于南京来说，虽然 PM2.5 和 PM10 的浓度相对比较大，但 SO_2 的浓度是五市中最低的，且 CO 的浓度在五市中相对较低，而无锡市在五市中各属性的浓度相对都比较大，想对于其他方案而言收益小于损失，在五市中空气质量状况最差是合理的。由上述分析可知，本书的排序是合理的。

8.6 本章小结

本章从属性集差异性以及决策者面对风险时的心理态度两个方面，提出了如下的灰靶决策方法。

(1) 针对属性集有差异的多属性群决策问题，提出了一种基于灰软集的多属性灰靶决策方法。该方法结合灰色系统理论与软集理论的特点，定义了灰软集的概念，并构建了基于灰软集的灰色决策模型，为解决属性集有差异的群决策问题提供了一种新方法。

(2) 基于 D-S 证据理论的多属性灰靶决策方法定义了方案在某指标下的点靶心距，由此构建了基于点靶心距的求解方案的优属度优化模型，得到了不同指标下各方案的基本概率分配函数，从而得到了整体的不确定性，通过 D-S 合成法则进行信息融合，得到了较好的结果。

(3) 基于调节系数的多指标灰靶决策方法针对指标值和权重为三参数区间灰数的情况，考虑熵权法下指标客观权重分散度不高的问题，提出了一种基于调节系数的综合赋权法，并建立了最优化熵模型确定指标客观权重；采用均值面积法指标主观权重转化为实数，再利用 D-S 合成法则将主观权重和客观赋权重进行集成得到综合权重。由结果可以看出，α 越大，各指标的客观权重排序不变，但分布的分散度增加；各方案的综合值排序也不变，且分布的分散度较稳定。

(4) 针对属性值为区间灰数的风险型动态多属性决策问题，鉴于时间权重的波动性同时考虑被评价对象在时序上时间权重的主观性，建立了基于方差和时间度确定时间权重的优化模型，克服了决策者直接给出时间权重的风险态度对多属性决策的影响；考虑决策者风险态度对多属性决策的影响，以两两方案互为参考点构建了确定属性权重的优化模型，最终以综合前景值的大小对备选方案进行排序。

9　基于改进邓氏关联度的郑州市雾霾影响因素分析

9.1　研究背景

自工业革命以来，人类的生产方式发生了重大的变化，生产力水平的提高，使工业化、城市化进程不断加快，世界经济进入快速发展时期，人们的生活水平也逐步提升。但与此同时，也带来了一系列的环境问题，水污染、空气污染等问题层出不穷，对全球生态系统产生重大影响的同时也威胁着人类的健康生存。

我国作为世界上最大的发展中国家，自改革开放以来，经济快速发展，城市化进程逐步加快，同时环境问题也日益突出。近年来，我国雾霾频发，雾霾是雾和霾的混合物。其中雾是自然天气现象，空气中水汽氤氲，虽然以灰尘为凝结核，但总体无毒无害；霾的核心物质是悬浮在空气中的烟、灰尘等物质，空气相对湿度低于80%，颜色发黄，气体能直接进入并黏附在人体下呼吸道和肺叶中，会对人体的呼吸道产生影响，引起急性上呼吸道感染、急性气管支气管炎等呼吸道疾病。此外，当出现雾霾天气时，视野能见度较低，容易引起交通堵塞，发生交通事故。而且雾霾天气还影响植物的生长，一方面，虽然植物有吸附尘埃的作用，但当雾霾中尘粒的浓度过大时，也会使植物不堪重负，从而影响其呼吸作用。另一方面，植物在冬季并不会完全停止生长，雾霾天气导致空气流动性变差，同时遮挡阳光，影响植物的光合作用，不利于植物的生长。现在，关注雾霾的人越来越多，大家原本陌生的PM2.5、PM10等专业名词也在人们口中变得越来越普遍。

河南地处中原，是我国的人口大省，通过对统计公报提供的相关数据进行统计，2014年郑州市空气质量优良达标天数为163天，2015年优良达标天数133天，2015年郑州市各空气质量等级达标天数具体如表9-1所示。

表 9-1 2015 年郑州市各空气质量等级达标天数

空气质量等级	优	良	轻度污染	中度污染	重度污染	严重污染
天数（天）	13	120	115	71	23	23

由表 9-1 可以看出，2015 年郑州市空气质量污染天数超过 200 天，对人们的生活产生了严重的影响。2016 年 1 月 4 日，河南省气象局公布 2015 年我省十大天气气候事件，其中“年底持续雾霾危害严重”列第一位。

郑州市作为河南省的省会，其空气质量问题不仅危害市民的身体健康，同时也对本省经济的可持续发展有着重要的影响。因此，对造成雾霾天气的影响因素进行分析并提出相应的解决方案，对控制及改善郑州市的空气质量问题给予一定的参考，具有很重要的现实意义。

9.2 郑州市雾霾现状分析

9.2.1 数据来源

2013 年，国家开始对部分省市地区执行新的空气质量检测指标，并且以可入肺颗粒物 PM2.5 浓度指标作为空气质量检测指标（王亚妮，2015）。

本章节数据来源于统计公报，通过对郑州市近两年来相关的空气质量数据进行分析，了解目前郑州市的雾霾现状，所包含指标有：空气质量指数（AQI）、PM2.5 浓度、PM10 浓度、CO 浓度、NO_2浓度和 SO_2浓度，数值单位为 $\mu g/m^3$，其中 CO 为 mg/m^3。

9.2.2 空气质量相关数据统计分析

9.2.2.1 空气质量指数（AQI）分析

AQI 是空气质量指数（Air Quality Index）的简称，其数值越大，说明空气污染状况越严重（胡琳，2013）。一般将 AQI 划分为六个等级，其等级划分如表 9-2 所示。

表 9-2　空气质量指数等级划分

AQI	空气质量等级
0~50	优
51~100	良
101~150	轻度污染
151~200	中度污染
201~300	重度污染
>300	严重污染

以空气质量等级划分为依据，对 2015 年全年郑州市的空气质量指数查询并统计，得到各空气质量等级达标天数见表 9-1，可以得出：郑州市 2015 年中有 13 天空气质量等级为优，占到全年的 3.56%，空气质量等级为良的有 120 天，占全年的 32.88%，比例最高，轻度污染 115 天，占 31.51%，中度污染 71 天，占 19.45%，重度污染和严重污染都是 23 天，各占比 6.30%。总体来说，全年空气质量优良达标天数 133 天，在此期间对人们的健康危害较小。相比于 2014 年郑州市空气质量优良达标天数 163 天来说，2015 年郑州市的空气质量状况不但没有好转，反而还在恶化。而且中度污染以上的天数达到 117 天，占全年将近三分之一的时间，对人们的生活、出行和健康等都造成了严重的影响。

对 2014 年和 2015 年郑州市的 AQI 进行统计计算，得到的月平均空气质量指数走势如图 9-1 所示。

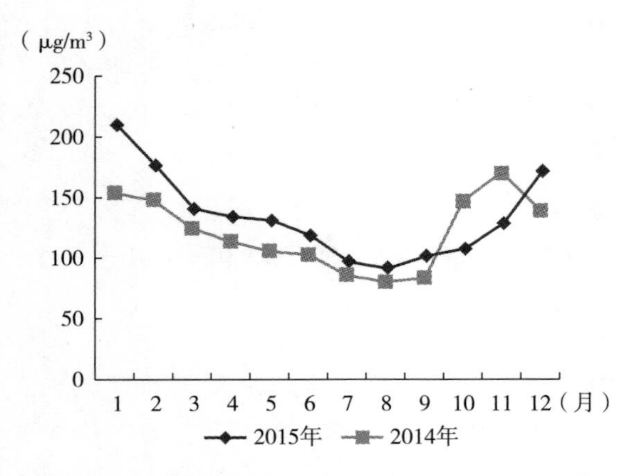

图 9-1　郑州市 2014 年、2015 年月平均 AQI 折线

空气质量指数越高，说明空气污染越严重，由图 9-1 可以看出，郑州市空气污染比较严重的主要集中在春季和冬季，其中 2015 年一月份平均空气质量指数超过 200，达到重度污染，而夏季七八月份平均空气质量指数低于 100，说明空气质量优良，由此可以看出，郑州市雾霾随着季节的变化呈现一定的规律性。

9. 2. 2. 2　PM2. 5 分析

PM2. 5 是指大气中直径等于或小于 2. 5 微米的颗粒物，也称作可入肺颗粒物（邓兰，2015），对空气质量及能见度具有重要的影响。PM2. 5 一般也划分为六个等级，如表 9-3 所示。

表 9-3　PM2. 5 等级划分

24 小时 PM2. 5 平均值标准值	空气质量等级
0~35	优
36~75	良
76~115	轻度污染
116~150	中度污染
151~250	重度污染
>250	严重污染

对 2014 年、2015 年郑州市的 PM2. 5 浓度进行统计计算，得到的月平均 PM2. 5 浓度走势如图 9-2 所示。

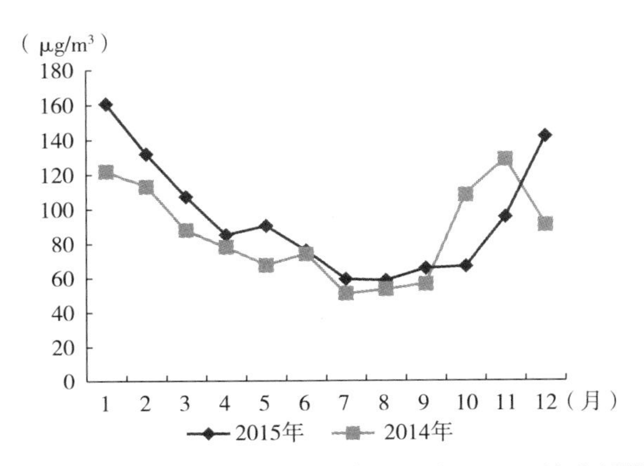

图 9-2　郑州市 2014 年、2015 年月平均 PM2. 5 浓度折线

PM2.5 浓度越高，说明空气污染越严重，由图 9-2 可以看出，郑州市 PM2.5 浓度较高的主要集中在春季和冬季，七八月份 PM2.5 浓度较低，也呈现出随季节变化的趋势，且与夏季相比，春季和冬季的 PM2.5 浓度明显较高。

9.2.2.3　PM10 分析

PM10 是指空气动力学直径等于或小于 10 微米的颗粒物，也称可吸入颗粒物（邓兰，2015）。对 2014 年和 2015 年郑州市的 PM10 浓度进行统计计算，得到月平均 PM10 浓度走势如图 9-3 所示。

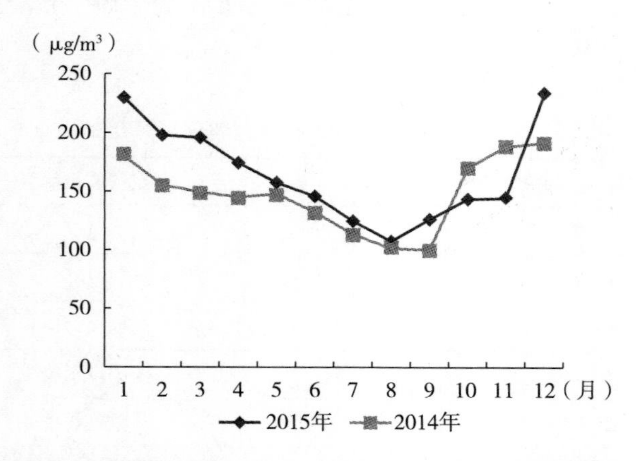

图 9-3　郑州市 2014 年、2015 年月平均 PM10 浓度折线

PM10 浓度越高，说明空气污染越严重。由图 9-3 可以看出，2015 年郑州市一月份和十二月份的 PM10 浓度最高，超过 200μg/m³，八月份的最低，2014 年，除了十月份和十一月份，其他月份的月平均 PM10 浓度都低于 2015 年，但都呈现出随季节性变化的特征，春、冬季 PM10 浓度相对于夏季来说要高得多。

9.2.2.4　NO_2、SO_2、CO 分析

对 2014 年和 2015 年郑州市空气中的 NO_2、SO_2、CO 浓度进行统计计算，得到其各自的月平均浓度走势分别如图 9-4 至图 9-6 所示。

由图 9-4 至图 9-6 可以看出，郑州市空气中 NO_2、SO_2和 CO 的浓度也是春、冬季较高，而夏季和秋季较低。其中春冬季 SO_2的浓度与夏季相比要高得多，而 CO 浓度在四季的差别相对来说较小。

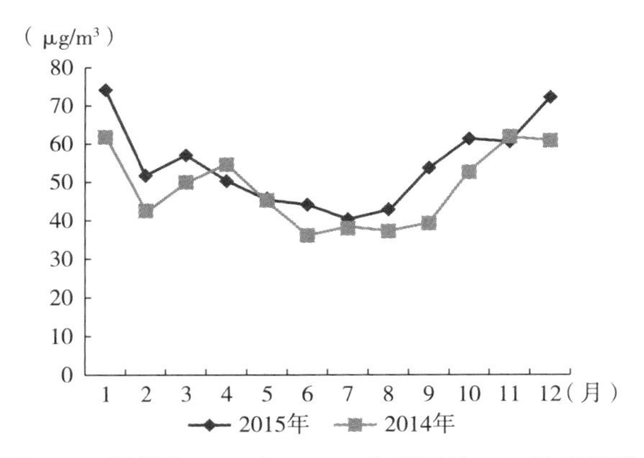

图 9-4　郑州市 2014 年、2015 年月平均 NO_2浓度折线

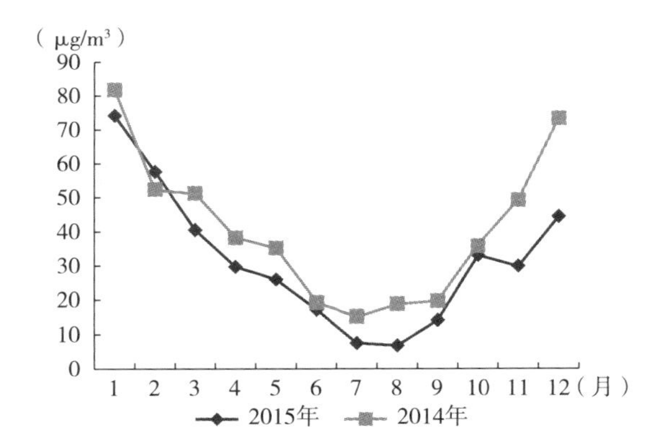

图 9-5　郑州市 2014 年、2015 年月平均 SO_2浓度折线

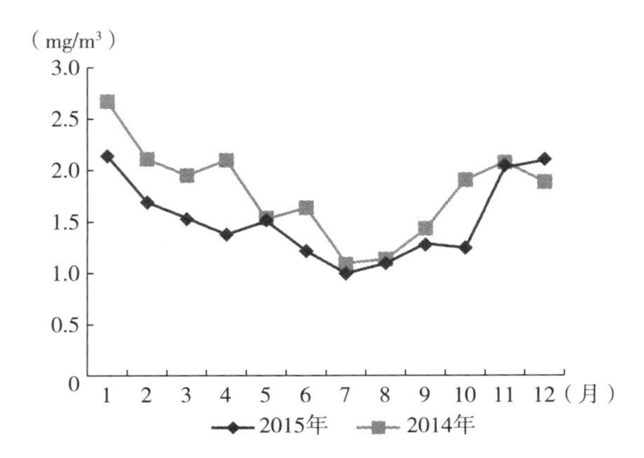

图 9-6　郑州市 2014 年、2015 年月平均 CO 浓度折线

9.2.3 小结

由图 9-1 至图 9-6 可以看出，AQI、PM2.5 浓度、PM10 浓度、NO_2浓度、SO_2浓度和 CO 浓度都呈现出随季节性变化的特征，且有一定的规律性，春、冬季较高，夏、秋季较低，说明郑州市的雾霾也随季节性变化，春季和冬季雾霾比较严重，集中在十一、十二、一月份，夏季雾霾天数最少。除此之外，还可以看出 PM2.5 浓度、PM10 浓度和 SO_2浓度的走势图与 AQI 的走势图最为相似，说明雾霾的形成主要是由于空气中 PM2.5、PM10 和 SO_2浓度的增加。

其中一部分原因可能是郑州市冬季处于采暖期，由于郑州还属于燃煤取暖，因此煤炭的消耗向空气中排放大量的污染气体及颗粒物，带来污染源的增加，气溶胶的消光作用增强（赵秀娟，2013），从而导致冬季雾霾天气频发，而夏季处于非采暖期，煤炭的消耗量相对来说减少，所以雾霾天数也相对来说较少。除此之外，郑州市地处中原，属于温带季风气候，夏季高温多雨，冬季寒冷干燥，气候条件也是影响雾霾的一大因素。

9.3 郑州市雾霾影响因素指标的选取

9.3.1 指标选取的原则

影响雾霾的因素复杂且繁多，各因素之间相互作用、相互影响，因此在分析雾霾影响因素的过程中，选择分析的指标要体现出科学性、准确性、系统性、层次性、多样性和可操作性等原则。

（1）科学性原则。雾霾影响因素指标的选取，必须以实际情况为依据，以科学理论为基础，坚持科学发展的原则，把握科学发展规律，以科学态度选取指标。

（2）准确性原则。雾霾影响因素指标的选取，必须要准确可靠，不能弄虚作假。

（3）系统性原则。雾霾影响因素指标的选取，要能比较全面地反映雾霾天气的特点，不能只从片面出发。

（4）层次性原则。雾霾的形成是一个复杂的过程，其影响因素也具有复杂的层次结构，因此指标的选取要有层次性。

（5）多样性原则。雾霾影响因素指标的选取，需要满足不同性质、不同范围、不同层次、不同要求的影响因素的度量。

（6）可操作性原则。在雾霾影响因素指标的选取过程中，选取的指标越多，其工作量就越大，对技术、能力的要求也就越高。因此，在保证满足系统性、多样性原则的条件下，选取的指标要尽可能具有代表性，同时要确保其可获得性。

9.3.2　指标的选取

本书通过阅读国内外相关文献和查找其他相关资料，初步确定了雾霾污染影响因素的指标评价体系，选取了三个一级指标气候因素、城市发展水平、大气污染物排放和九个二级指标，包括全年平均气温（单位:℃）、降水量（单位：mm）、平均风速（单位：m/s）、全年生产总值（单位：亿元）、机动车保有量（单位：万辆）、施工工地面积（单位：万平方米）、能源消耗量（单位：万吨标准煤）、工业废气排放量（单位：万吨）和烟粉尘排放量（单位：万吨），建立雾霾影响因素的层次结构分析模型如表9-4所示。

表9-4　雾霾影响因素层次结构分析模型

目标层	准则层	因素层
A 雾霾影响因素	A_1 气候因素	A_{11} 全年平均气温 A_{12} 降水量 A_{13} 平均风速
	A_2 城市发展水平	A_{21} 全市生产总值 A_{22} 机动车保有量 A_{23} 施工工地面积 A_{24} 能源消耗量
	A_3 大气污染物排放	A_{31} 工业废气排放量 A_{32} 烟粉尘排放量

从上面的模型中可以看出，对总目标进行分析要从三个因素考虑，而这三个因素又要从更细分的子因素进行分析，即气候因素 $A_1=(A_{11}, A_{12}, A_{13})$，城市发展水平 $A_2=(A_{21}, A_{22}, A_{23}, A_{24})$，大气污染物排放 $A_3=(A_{31}, A_{32})$。

接下来运用层次分析法对指标因素进行分析，以确定各指标因素的权重。

9.3.3 基于层次分析法的郑州市雾霾影响因素指标权重的确立

9.3.3.1 层次分析法（AHP）介绍

层次分析法（Analytic Hierarchy Process，AHP）是将与决策总体有关的元素分解成目标、准则、方案等层次，在此基础之上进行定性和定量分析的决策方法（汪应洛，2008）。该方法是美国运筹学家匹茨堡大学教授萨蒂在 20 世纪 70 年代初，为美国国防部研究“根据各个工业部门对国家福利的贡献大小而进行电力分配”课题时，应用网络系统理论以及多目标综合评价的方法，提出的一种层次权重决策分析方法，并且该方法具有系统、灵活、简洁的优点。

其实施步骤如下：

（1）分析评价系统中各基本要素之间的关系，建立系统的递阶层次结构。

（2）对同一层次的各元素关于上一层次中某一准则的重要性进行两两比较，构造两两比较判断矩阵，并进行一致性检验。

（3）根据判断矩阵计算被比较要素对于该准则的相对权重。

（4）计算各层要素对系统目的（总目标）的合成（总）权重，并对各备选方案排序。

9.3.3.2 郑州市雾霾影响因素指标权重的确立

在 AHP 层次结构分析法中，构造判断矩阵是很重要的。判断矩阵标度定义如表 9-5 所示。

表 9-5 判断矩阵标度定义

标度	含义
1	两个要素相比，具有同样重要性
3	两个要素相比，前者比后者稍重要
5	两个要素相比，前者比后者明显重要
7	两个要素相比，前者比后者强烈重要
9	两个要素相比，前者比后者极端重要

续表

标度	含义
2，4，6，8	上述相邻判断的中间值
倒数	两个要素相比，后者比前者的重要性标度

通过调查问卷的方式对各指标打分赋值，得到判断矩阵如下。

（1）准则层指标对目标层的判断矩阵如表 9-6 所示。

表 9-6 准则层指标对目标层的判断矩阵

A	A_1	A_2	A_3	权重
A_1	1	5	7	0. 7306
A_2	1/5	1	3	0. 1884
A_3	1/7	1/3	1	0. 0810

一致性比率 $C.R.=0.0624$。

（2）因素层指标对准则层 A_1 的判断矩阵如表 9-7 所示。

表 9-7 因素层指标对准则层 A_1 的判断矩阵

A_1	A_{11}	A_{12}	A_{13}	权重
A_{11}	1	2	1/2	0. 3108
A_{12}	1/2	1	1/2	0. 1958
A_{13}	2	2	1	0. 4934

一致性比率 $C.R.=0.0516$。

（3）因素层指标对准则层 A_2 的判断矩阵如表 9-8 所示。

表 9-8 因素层指标对准则层 A_2 的判断矩阵

A_2	A_{21}	A_{22}	A_{23}	A_{24}	权重
A_{21}	1	1/4	1/2	1/2	0. 0995
A_{22}	4	1	2	6	0. 5236
A_{23}	2	1/2	1	3	0. 2619
A_{24}	2	1/6	1/3	1	0. 1149

一致性比率 $C.R.=0.0517$。

(4) 因素层指标对准则层 A_3 的判断矩阵如表 9-9 所示。

表 9-9 因素层指标对准则层 A_3 的判断矩阵

A_3	A_{31}	A_{32}	权重
A_{31}	1	1/3	0.2500
A_{32}	3	1	0.7500

一致性比率 $C.R.=0$。

各指标的综合权重如表 9-10 所示。

表 9-10 各影响因素综合权重

雾霾影响因素	综合权重
全年平均气温	0.2271
降水量	0.1431
平均风速	0.3605
全市生产总值	0.0187
机动车保有量	0.0987
施工工地面积	0.0493
能源消耗量	0.0216
工业废气排放量	0.0202
烟粉尘排放量	0.0607

表 9-10 的权重将在下一章的灰色关联度分析中着重运用。

9.4 郑州市雾霾影响因素的实例分析

9.4.1 计算过程

我们以郑州市 2012~2014 年的雾霾天数为参考数列 X_0，其影响因素为比较

数列 X_i，$X_i(i=1, 2, \cdots, 9)$ 与第三章中所确定的九个指标因素 A_{11}，A_{12}，…，A_{33}一一对应，确定分析数列的原始数据具体如表 9-11 所示。

表 9-11　原始数据

年份	2012	2013	2014
X_0	102	238	202
X_1	14.10	16.10	15.80
X_2	639.00	353.20	535.30
X_3	2.90	2.85	3.10
X_4	5549.79	6201.85	6776.99
X_5	193.92	222.75	292.78
X_6	12950.02	14285.39	14750.23
X_7	2138.53	2208.31	2123.38
X_8	17.55	31.55	28.29
X_9	4.60	4.88	6.76

数据来源：河南省统计年鉴。

运用初值化算子将分析数列进行无量纲化处理，得到结果如表 9-12 所示。

表 9-12　无量纲化处理结果

年份	X_0	X_1	X_2	X_3	X_4	X_5	X_6	X_7	X_8	X_9
2012	1	1	1	1	1	1	1	1	1	1
2013	2.33	1.14	0.55	0.98	1.12	1.15	1.10	1.03	1.80	1.06
2014	1.98	1.12	0.84	1.07	1.22	1.51	1.14	0.99	1.61	1.47

根据公式 4-1 计算出 $X_0(k)$ 与 $X_i(k)$ 的关联系数，结果如表 9-13 所示。

表 9-13　灰色关联系数

年份	X_1	X_2	X_3	X_4	X_5	X_6	X_7	X_8	X_9
2012	1	1	1	1	1	1	1	1	1
2013	0.43	0.33	0.40	0.42	0.43	0.42	0.41	0.63	0.41
2014	0.51	0.44	0.49	0.54	0.65	0.51	0.47	0.71	0.64

结合表 9-13 的数据以及在第三章中运用 AHP 求出的雾霾影响因素的权重，计算出 $X_0(k)$ 与 $X_i(k)$ 的关联度，结果如表 9-14 所示。

表 9-14 灰色关联度

指标因素	关联度	权重	加权关联度
X_1	0.65	0.2271	0.1476
X_2	0.59	0.1431	0.0844
X_3	0.63	0.3605	0.2271
X_4	0.65	0.0187	0.0121
X_5	0.69	0.0987	0.0681
X_6	0.64	0.0493	0.0316
X_7	0.63	0.0216	0.0136
X_8	0.78	0.0202	0.0158
X_9	0.68	0.0607	0.0413

9.4.2 结果分析

对表 9-14 的加权关联度排序，结果为：

$$r_3 > r_1 > r_2 > r_5 > r_9 > r_6 > r_8 > r_7 > r_4$$

即所选取的影响因素对雾霾的影响程度从大到小依次为平均风速、全年平均气温、降水量、机动车保有量、烟粉尘排放量、施工工地面积、工业废气排放量、能源消耗量、全年生产总值。

由此可以看出影响郑州市雾霾的因素除了气候因素外，最主要是机动车保有量、烟粉尘排放量以及施工工地面积。机动车保有量的增加使汽车尾气的排放量增加，而汽车尾气中的成分则直接导致雾霾的形成，烟粉尘排放量的增加直接导致空气中 PM2.5 和 PM10 浓度的增加，使空气质量指数上升，导致雾霾天气的形成，施工工地的扬尘、粉尘等也都是形成雾霾的重要条件，所以施工工地面积也是影响雾霾的重要因素。此外，工业废气排放量和能源消耗量也是导致雾霾天气形成不可忽视的因素。

9.5　对策建议

雾霾的主要成分是 PM2.5 和 PM10 颗粒物，PM2.5 是一种细微颗粒物，空气中的有害物质吸附在这些颗粒物上随着呼吸进入人体并对人体造成伤害，这些空气中的有害物质包括一些硫酸盐、硝酸盐等，而这些物质又是 NO_2、SO_2或者 CO 与空气中的物质发生化学反应形成的化合物。

根据分析所得出的结论并结合以上理论，对控制及改善郑州市的雾霾状况提出以下几点建议。

（1）完善相应的法律法规。目前，我国有关大气污染的立法还不够完善，应尽快完善相应的法律法规，比如加大机动车尾气治理力度，通过立法修订机动车尾气排放标准等。

（2）降低 NO_2、SO_2和 CO 等气体的排放。产生污染气体的主要来源有垃圾焚烧、汽车尾气的排放、煤炭石油等燃料的燃烧或不完全燃烧，可以从以下几个方面来降低污染气体的排放。

首先在垃圾焚烧方面：垃圾焚烧是一种不可忽视的污染源，郑州市人口众多，产生的垃圾也就比较多，所以相关部门应该严格执行垃圾分类标准，能更多、更有效地对垃圾进行回收利用。

其次在汽车尾气排放方面：根据结论可以看出，除了气候因素外，对郑州市雾霾影响最大的就是机动车保有量。所以，减少汽车尾气的排放是控制改善雾霾的重点。应该建立更加完善的公共交通体系，提升城市公交比重，鼓励和提倡广大市民乘坐公共交通工具外出，以减少私家车的使用，从而减少汽车尾气的排放。还可以考虑对机动车的排气管改进使排气管具有自动吸收有害气体的功能，也可以改造机动车使其部分电动部分机动，这样也可以减少排放到空气中的有害污染物。

最后在化石燃料燃烧方面：由第二章的分析可以看出，郑州市春冬季雾霾比较严重，究其原因，一部分可能是由于春、冬季郑州市属于采暖期，而大多数市民采用的还是燃煤取暖，而煤炭的燃烧向空气中排放大量的 SO_2气体。因此，相关部门要积极改善能源结构，推进清洁能源的使用量。当燃料不充分燃烧时，就会产生 CO，所以应该提高煤炭的深加工技术，从而提高煤炭资源的利用率，促进清洁煤产业的发展。

（3）降低建筑工地扬尘、道路扬尘污染等。由结论可以看出，施工工地面积对雾霾有较大的影响，因此，政府及相关部门要采取相应的措施治理施工现场和渣土运输的污染，可以从以下几方面入手。

1）对主要大道进行定期洒水、清扫，凡存在扬尘的建设项目一律先停止施工，治理好后再开工，渣土运输要先洒水再装卸，在雾霾天气频繁的春、冬季等控制开工项目等。

2）很多施工单位为了追求施工的高效益，使用成本低、产尘量大的建筑材料和防尘效果较差的防尘设施，针对这种情况，相关政府部门可以对价格较高，但产尘量少的建筑材料以及防尘效果好的防尘设施，例如预拌砂浆、新型散装水泥和新型环保防尘网等，实施价格补贴和减免等政策，通过降低这些设施和材料的购买成本吸引施工单位使用，从而在施工过程中控制扬尘的产生和传播。

（4）倡导企业节能减排。引导工厂、企业进行清洁生产，少用煤炭、石油等化石燃料，多使用太阳能、天然气等清洁能源，从源头上减少污染物的排放，从而实现节能减排。

（5）严查并整顿排污超标企业。政府要对排污超标的企业严查并整顿，对不配合的企业可以采取相应的停产关闭等措施。

（6）开辟绿化带，扩大城市绿化面积。可以种植一些防霾效果好的树种。

（7）提倡低碳生活。节能减排是需要全民参与的事业，相关环境治理部门应加强对群众科普知识和科学防霾的宣传，告知大家雾霾的危害，让每个人都增强环保减排意识，理智理性地对待雾霾，从自己开始，努力做到低碳生活，绿色出行、绿色消费，自觉减少污染物的排放。

10　基于改进邓氏关联度的郑州市生态安全评价

10.1　研究背景

改革开放以来，我国的经济实力和人民的生活质量都得到了大幅度跨越式的提升，但得到和失去都是成正比的，经济的发展所付出的代价便是资源的短缺、环境的污染、生态系统的退化，而日积月累，这些以前不被人重视的目前形势相当严峻。习近平总书记指出，一方面重视传统安全；另一方面必须重视非传统安全，这样才能构建完整的国家安全体系，尤其是将生态安全纳入国家安全体系之中。这次重大战略部署，是习近平总书记准确把握国家安全形势变化新特点的成果。党的十八届五中全会进一步强调，发展经济的同时，坚持绿色发展，理性处理好与自然的和谐关系，构建完整的生态安全格局。

随着经济的发展，生态环境问题严重威胁着人类的生产运作和日常生活，人类也越来越意识到这不再是单纯的经济问题或科学问题。因此，世界上许多国家都高度重视对生态安全的研究，并不仅仅是从概念、内涵表面的研究，已经渐渐深入到了指标体系的选取及定量研究、对区域生态安全评价的研究等方面。可见，生态安全及评价的研究日益成为国际重视的热点问题。

当然，随着人们对生态安全的重视，大家都普遍认为，城市生态安全对于国家、地区的发展和未来资源的可持续利用起着至关重要的作用。进一步说，对生态安全的状况和其动态变化的认识和了解具有非常现实的意义，而城市生态安全研究的评价和分析结果也成为了城市生态环境建设的重要依据。目前，不仅仅是国内，国外也在生态安全评价上做了大量的研究和实例分析，并为改善环境质量和减少不利影响提出了许多对策和方法，从而尽量防止或者避免环境与经济发展问题的进一步恶化。在研究中，一些学者运用不同的方法评价所选地区的生态安全，这虽然在一定程度上反映了研究区域的生态安全状况，但是其复杂的评价指标体系和计算方法，并且对城市生态安全、经济发展、自然恢复生态系统的评价研究不足。因此，我们需要进一步探索既简捷又合理并且科学的评价方法，对城市生态安全评价的研究具有至关重要的意义。

郑州市作为河南省的省会，其生态安全问题不仅危害市民的身体健康，同时也对本省经济的可持续发展有着重要的影响。因此，对郑州市生态安全的相关指标进行分析并做出评价，对控制及改善郑州市的生态安全问题给予一定的参考，具有很重要的现实意义。

10.2 郑州市生态安全评价指标的选取

10.2.1 生态安全的概念

生态安全是指生态系统的健康、理想的完整情况，是使不受环境污染和生态破坏而威胁人类正常生产运作、日常生活的状态。随着人类社会与经济的发展，人民的生活质量也得到了显著提高，得到和失去都是成正比的，经济的发展所付出的代价便是资源的短缺、环境的污染、生态系统的退化，而日积月累，这些以前不被人重视的目前形势相当严峻，因此，如今必须高度重视，而城市生态安全是生态安全的一个重要方面，是城市可持续发展的重要保证。

在当今社会，人们日趋向城市聚集，形成了以人为中心的城市生态系统，但是随着城市的功能性逐步增强，它的稳定性也逐步在降低，也就是说，表面上功能虽强大，但实质上安全性很脆弱。随着国家经济的发展，城市作为区域生活、运作的开放系统，城市化进程对自然生态系统的威逼随着粗放型经济的发展而日趋严重，其实际净化负荷远远高出生态系统自身的净化能力。

在本书中，笔者所研究的生态安全是从资源、环境、政治、经济以及社会状况这几方面定义的，对生态安全做出的评价则是从保障人类生存与发展这样一种主观需要角度出发，衡量生态系统完整性，以及在各种风险下维持其健康的可持续发展能力。

10.2.2 指标的选取

城市生态安全评价涉及自然、经济、社会等许多方面；具有主观化偏向，

因此选择分析的指标要体现出科学性、准确性、系统性、层次性、多样性和可操作性等原则。

本书通过查阅《郑州市统计年鉴》（2011-2015）、《郑州市环境质量报告书》（2011-2015）、《郑州科技简讯》和国家基金项目“城市化过程对土地质量影响的研究”等相关资料，初步建立了城市生态安全指标评价体系，选取了三个一级指标资源状况、环境状况和社会经济状况及十二个二级指标。

10.2.2.1 绿化覆盖率

城市绿化覆盖率是城市各类型绿地绿化面积相对城市总面积的比率。其高低是衡量城市环境质量及居民生活水平的重要指标之一。查阅国家城市卫生标准（2014 版），城市绿化覆盖率的最优标准区间为（40%，50%），故选取 50% 为最优评价指标数据用于理想数列，2011~2015 年郑州市绿化覆盖率如表 10-1 和图 10-1 所示。

表 10-1 2011~2015 年郑州市绿化覆盖率 单位：%

年份	2011	2012	2013	2014	2015
绿化覆盖率	35.1	36.1	38	40.2	40.3

数据来源：郑州市国民经济和社会发展的统计公报（2011-2015）。

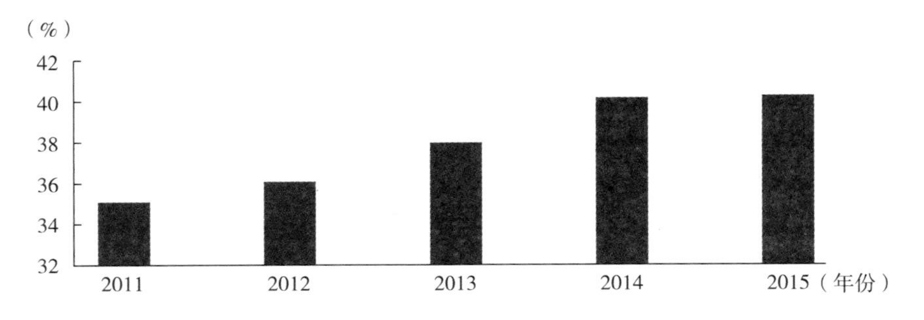

图 10-1 郑州市绿化覆盖率

从表 10-1 和图 10-1 可以看出郑州市的绿化覆盖率处于逐年增长趋势，并在 2014 年增长两个百分点，这表明郑州市一直以来重视生态绿化，为城市环境质量提供了保护伞。

10.2.2.2 人均地下水水资源量

人均地下水水资源量指一个地区（流域）内，某一个时期按人口平均每个人占有的地下水水资源量。查阅国家城市卫生标准（2014 版），人均地下水水资源量的最优标准区间为（2000，2500），故选取 2500 为最优评价指标数据用于理想数列。2011~2015 年郑州市的人均地下水水资源量如表 10-2 和图 10-2 所示。

表 10-2　2011~2015 年郑州市人均地下水水资源量　　单位：平方米

年份	2011	2012	2013	2014	2015
人均地下水水资源量	87.16	87.19	85.52	84.04	82.33

数据来源：郑州市统计年鉴（2011-2015）。

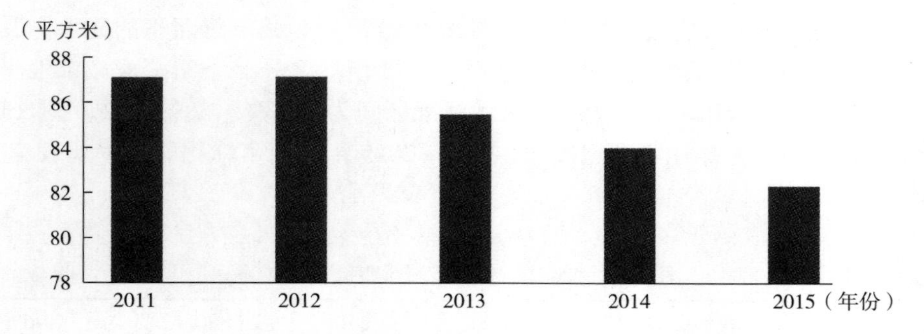

图 10-2　郑州市人均地下水水资源量

从表 10-2 和图 10-2 可以看出 2011~2015 年期间郑州市的地下水水资源量正在逐年下降，这表明随着人口基数的变大，人均地下水水资源量可能会越来越少。

10.2.2.3　人均耕地面积

人均耕地面积指在一个地区内，某一个时期按人口平均每个人占有的耕地面积。查阅国家城市卫生标准（2014 版），人均耕地面积的最优标准区间为≥0.2，故选取 0.2 为最优评价指标数据用于理想数列。2011~2015 年郑州市的人均耕地面积如表 10-3 和图 10-3 所示。

表 10-3　2011~2015 年郑州市人均耕地面积　　单位：公顷

年份	2011	2012	2013	2014	2015
人均耕地面积	0.0575	0.0402	0.0395	0.0380	0.0363

数据来源：郑州市统计年鉴（2011-2015）。

从表 10-3 和图 10-3 可以看出自 2011 年以来，郑州市人均耕地面积一直处于下降趋势，这和政府急于提高经济，滥用耕地有很大的关系。并且，人口也只会增加不会减少。但是另一方面可以看出近几年来人均耕地面积维持在 380 平方米左右，可见，这种下降也受到了积极的措施响应。

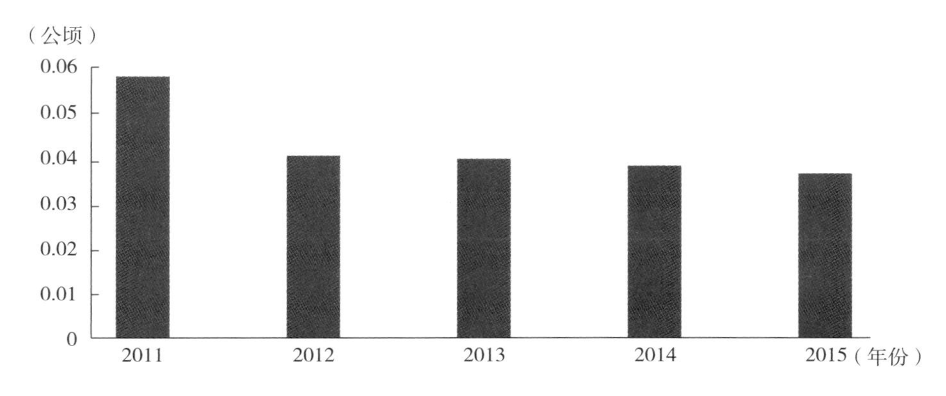

图 10-3 郑州市人均耕地面积

10.2.2.4 人均绿地面积

人均绿地面积指城市非农业人口每人拥有的公共绿地面积。

计算公式为：

人均公共绿地面积 = 城市公共绿地面积 / 城市非农业人口

查阅国家城市卫生标准（2014 版），人均绿地面积的最优标准区间为≥18，故选取 18 为最优评价指标数据用于理想数列。2011~2015 年郑州市的人均绿地面积如表 10-4 和图 10-4 所示。

表 10-4 2011~2015 年郑州市人均绿地面积 单位：平方米

年份	2011	2012	2013	2014	2015
人均绿地面积	10. 8	11. 3	12	12. 25	12. 3

数据来源：郑州市国民经济和社会发展的统计公报（2011-2015）。

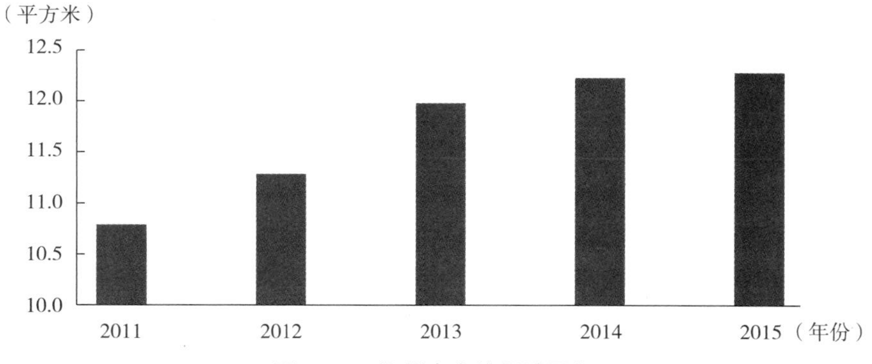

图 10-4 郑州市人均绿地面积

表 10-4 和图 10-4 反映了郑州市的人均绿地面积状况，可以看出处于逐年快速增长趋势，并达到了国家生态达标值。这说明了绿地面积的大幅度增加，人民追求绿色郑州的意识逐渐强烈。

选取以上四个指标作为郑州市资源状况的评价指标，是因为它们涵盖着郑州市的林木资源、水资源、土地资源。

10.2.2.5 空气质量优良天数达标率

空气质量优良天数达标率是指空气质量优良的天数在一年内的比率。查阅国家城市卫生标准（2014 版），空气质量优良天数达标率的最优标准区间为（80%，95%），故选取 95%为最优评价指标数据用于理想数列。2011～2015 年郑州市的空气质量优良天数达标率如表 10-5 和图 10-5 所示。

表 10-5 2011～2015 年郑州市空气质量优良天数达标率 单位：%

年份	2011	2012	2013	2014	2015
空气质量优良天数达标率	87	86.1	66.4	43.7	68

数据来源：郑州市环境质量状况公报（2011-2015）。

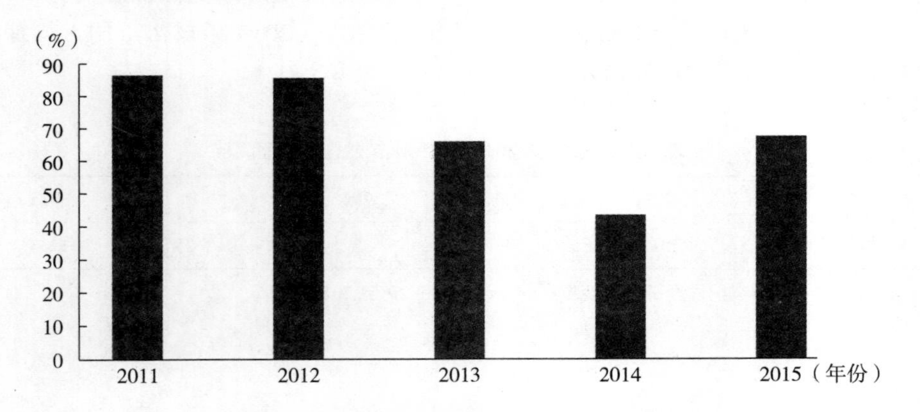

图 10-5 郑州市空气质量优良天数达标率

从表 10-5 和图 10-5 可以看出郑州市在 2013 和 2014 年空气质量优良天数达标率大幅度下降，这是因为城区的空气质量达标率极低，根据公报显示，只有 43.7%，这和城市化水平逐年提高，加上车辆的增加使空气质量急剧下降有关，但可以看出 2015 年又有了上升，可见郑州市已采取有效措施。

10.2.2.6 固体废弃物综合利用率

固体废弃物是指人类在生产、消费、生活和其他活动中产生的可回收或不

可回收的废弃物，通俗地说，就是垃圾。查阅国家城市卫生标准（2014版），固体废弃物综合利用率的最优标准为100%，故选取100%为最优评价指标数据用于理想数列。2011~2015年郑州市的一般固体废弃物综合利用率如表10-6和图10-6所示。

表10-6 2011~2015年郑州市一般固体废弃物综合利用率 单位:%

年份	2011	2012	2013	2014	2015
一般固体废弃物综合利用率	97.78	97.9	97.86	97.14	97.3

数据来源：郑州市环境质量状况公报（2011-2015）。

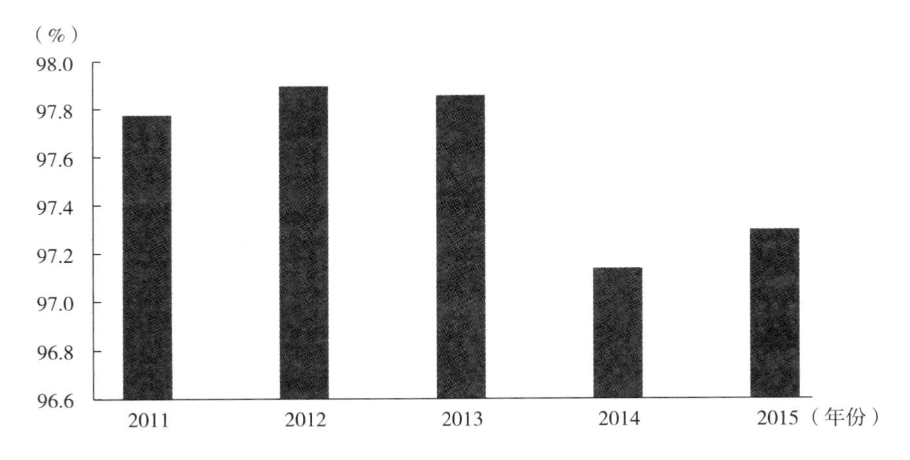

图10-6 郑州市一般固体废弃物综合利用率

从表10-6和图10-6可以看出2011~2015年郑州市的一般固体废弃物综合利用率都处于97%以上，都处于中等靠上的水平，这说明郑州市的环境治理方面较为优秀。

10.2.2.7 工业废水排放达标率

工业废水排放达标率是指工业废水排放达标量相对于工业废水排放总量的比率。其中，工业废水排放达标量是指全面达到国家与地方排放标准的外排工业废水量，既包括经处理后达标外排的工业废水量，也包括未经处理即能达标外排的工业废水量。是环境统计主要指标之一。查阅国家城市卫生标准（2014版），工业废水排放达标率的最优标准为100%，故选取100%为最优评价指标数据用于理想数列。2011~2015年郑州市的工业废水排放达标率如表10-7和图10-7所示。

表 10-7 2011~2015 年郑州市工业废水排放达标率 单位:%

年份	2011	2012	2013	2014	2015
工业废水排放达标率	94.60	94.77	95.03	96.56	97.70

数据来源：郑州市环境质量状况公报（2011-2015）。

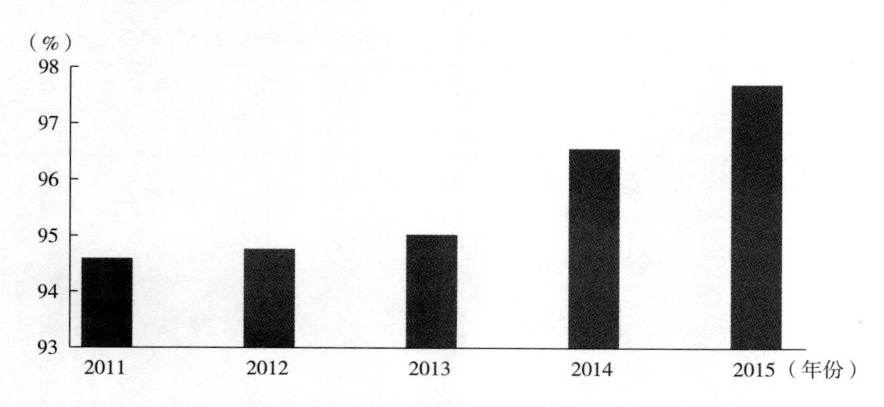

图 10-7 郑州市工业废水排放达标率

从表 10-7 和图 10-7 可以看出郑州市在 2011~2015 年的工业废水达标率都基本在 95%以上，在 2015 年甚至高达 97.70%，表明郑州市的水治理方面严格要求，给予居民生活的保障。

10.2.2.8 工业废气处理率

工业废气处理率是指工业废气处理量相对于工业废气排放总量的比率，是环境统计的主要指标之一。查阅国家城市卫生标准（2014 版），工业废气处理率的最优标准为 100%，故选取 100%为最优评价指标数据用于理想数列。2011~2015 年郑州市的工业废气处理率如表 10-8 和图 10-8 所示。

表 10-8 2011~2015 年郑州市工业废气处理率 单位:%

年份	2011	2012	2013	2014	2015
工业废气处理率	91.56	92.67	93.05	95.20	96.6

数据来源：郑州市环境质量状况公报（2011-2015）。

从表 10-8 和图 10-8 可以看出，2011~2015 年郑州市的工业废气处理率在逐渐地改善，最终达到 96.6%，这是一个相当大的突破，表明市政府对工业废气治理的重视，也是对居民的负责。

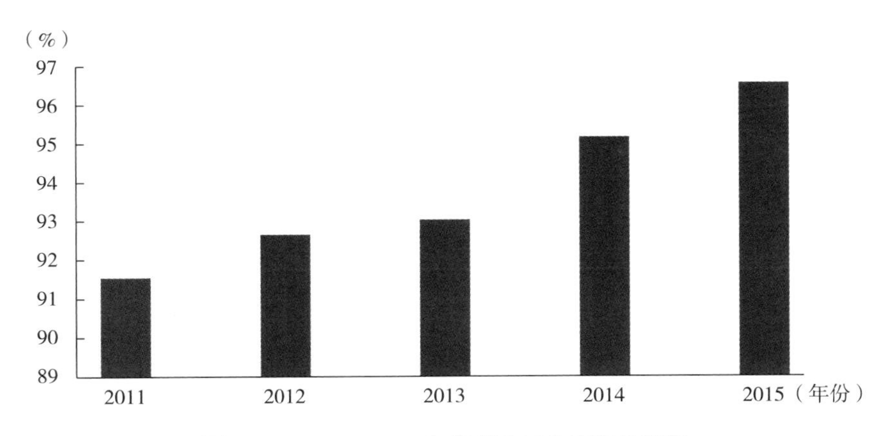

图 10-8 2011~2015 年郑州市工业废气处理率

10.2.2.9 区域环境噪声均值

环境噪声均值是世界大多数国家对噪声进行评价的主要指标。其中区域环境噪声均值是针对在一个地区一段时间内噪声的产生量。一般认为，分贝值在55以下的为良好，分贝值在55~57的为轻度污染，57~60为中等污染，60以上的为污染严重。查阅国家城市卫生标准（2014版），区域环境噪声均值的最优标准区间为（0，50），故选取50为最优评价指标数据用于理想数列。2011~2015年郑州市的区域环境噪声均值如表10-9和图10-9所示。

表 10-9 2011~2015 年郑州市区域环境噪声均值 单位：分贝

年份	2011	2012	2013	2014	2015
区域环境噪声均值	54.7	54.6	54.4	54	54.8

数据来源：郑州市环境质量状况公报（2011-2015）。

从表10-9和图10-9可以看出郑州市在2011~2015年的区域环境噪声均值在55dB左右，根据噪声分级标准，郑州市在近几年都处于轻度噪声污染，基本不影响居民正常生活。

选取以上五个指标作为郑州市环境质量的评价指标，是因为它们具有对郑州市空气污染、水污染、噪音污染指数的代表性。

10.2.2.10 人均国内生产总值

人均国内生产总值，是经济学中衡量经济发展状况的指标，可以用它来衡量各国人民生活水平，人均GDP越高越好。查阅国家城市卫生标准（2014

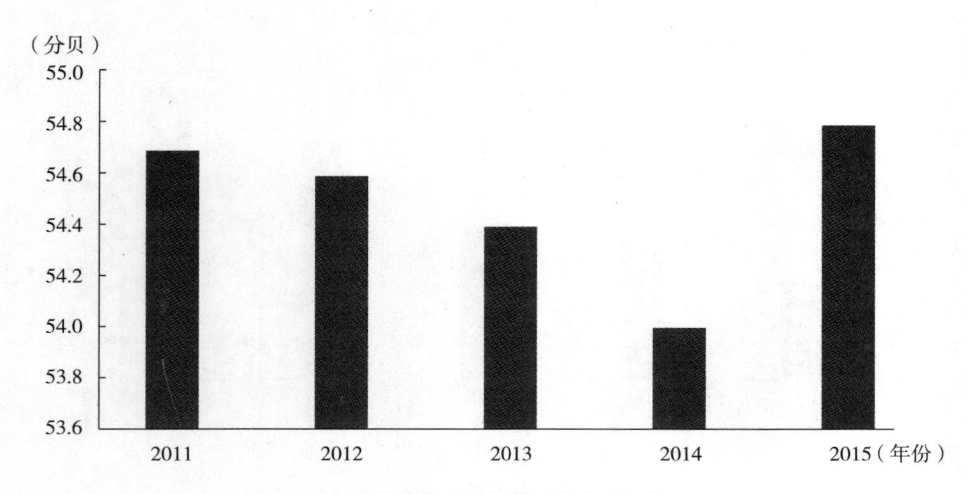

图 10-9　郑州市区域环境噪声均值

版)，人均 GDP 的最优标准区间为［6，8)，故选取 6 为最优评价指标数据用于理想数列。2011~2015 年郑州市的人均 GDP 如表 10-10 和图 10-10 所示。

表 10-10　2011~2015 年郑州市人均 GDP　　单位：万元

年份	2011	2012	2013	2014	2015
人均 GDP	5. 608	6. 204	6. 807	7. 305	7. 721

数据来源：2015 年郑州市国民经济和社会发展统计公报。

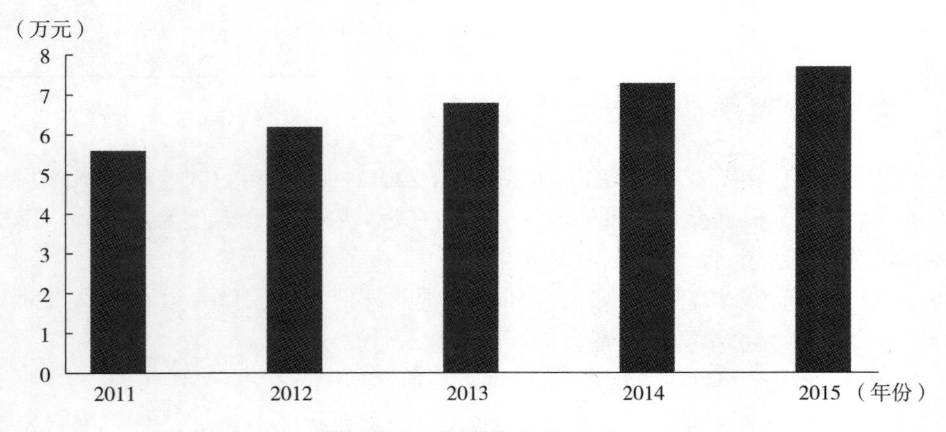

图 10-10　郑州市人均 GDP

中国统计局数据显示，2014 年中国大陆人均 GDP 为 7595 美元，合计人民币约 52405.5 元，从表 10-10 和图 10-10 可以看出郑州市人均 GDP 近年来都高于中国平均水平，表明了人民生活水平有了显著的提高。

10.2.2.11　万人拥有卫生技术人员数

万人拥有卫生技术人员数是指在一个地区内一万人平均拥有的卫生技术人员数，是衡量一个地区人民接受医疗水平的一个标准。查阅国家城市卫生标准（2014 版），万人拥有卫生技术人员数的最优标准区间为（45，50），故选取 50 为最优评价指标数据用于理想数列。2011～2015 年郑州市的万人拥有卫生技术人员数如表 10-11 和图 10-11 所示。

表 10-11　2011～2015 年郑州市万人拥有卫生技术人员数　　单位：人

年份	2011	2012	2013	2014	2015
万人拥有卫生技术人员	64.2	71.1	78.1	87.0	88.8

数据来源：2015 年郑州市国民经济和社会发展统计公报。

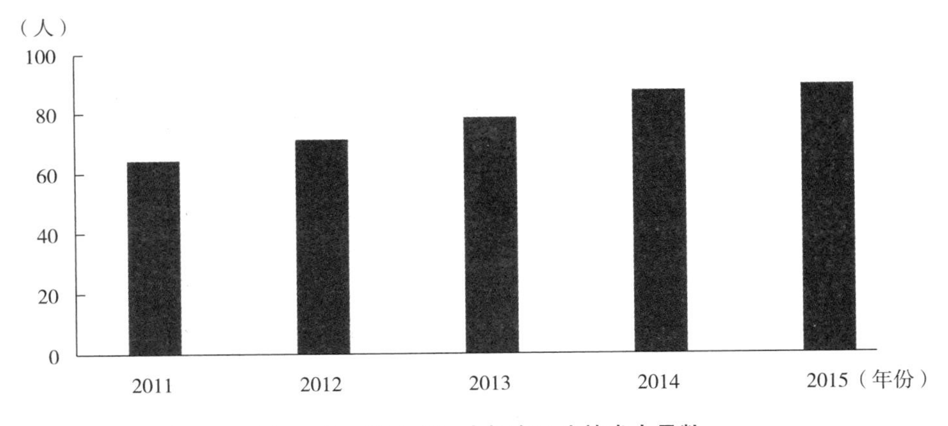

图 10-11　郑州市万人拥有卫生技术人员数

表 10-11 和图 10-11 显示的郑州市万人拥有卫生技术人员数在逐年增加，说明郑州市医疗水平也在逐步提高。可见，郑州市居民的医疗保障得到了大大的保证。

10.2.2.12　恩格尔系数

恩格尔系数是食品支出总额占个人消费支出总额的比重。恩格尔系数达 59%以上为贫困，50%～59%为温饱，40%～50%为小康，30%～40%为富裕，低于 30%为最富裕。查阅国家城市卫生标准（2014 版），恩格尔系数的最优标准区间为［0，35］，故选取35为最优评价指标数据用于理想数列。2011~2015年郑州市的恩格尔系数如表10-12和图10-12所示。

表10-12 2011~2015年郑州市恩格尔系数 单位：%

年份	2011	2012	2013	2014	2015
恩格尔系数	35.6	34.7	32.4	30.0	29.1

数据来源：郑州市统计局历年全市城镇居民收支。

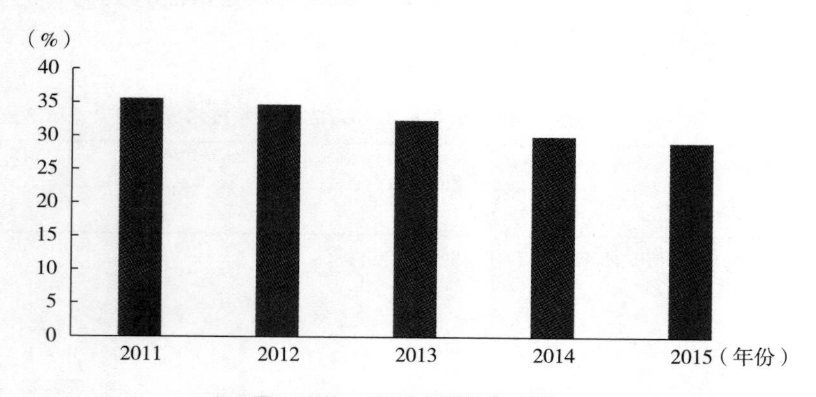

图10-12 郑州市恩格尔系数

由表10-12和图10-12可以得出郑州市的恩格尔系数在2011~2015年呈下降趋势，说明居民食品支出总额占个人消费支出总额的比重越来越少，换言之，人民的生活水平正在慢慢地提高。

选取以上三个指标作为郑州市社会经济状况的评价指标，是因为它们分别衡量着人民生活水平、社保水平以及收入水平。

10.3 郑州市生态安全评价的实例分析

本书以郑州市为研究对象，选取了资源状况、环境状况、社会经济状况三个一级指标以及绿化覆盖率、人均地下水水资源量、人均耕地面积等十二个二级指标。首先，运用层次分析法建立郑州市生态安全评价体系并确定各影响因素的权重；并运用灰色关联分析法计算出郑州市2011~2015年这五年实际指标与理想指标的关联度。

10.3.1 基于层次分析法的郑州市生态安全评价指标权重的确立

（1）构建层次结构模型，如表 10-13 所示。

表 10-13 郑州市生态安全评价指标层次结构分析模型

目标层	准则层	方案层
A 生态安全评价指标	B_1 资源状况	C_1 绿化覆盖率
		C_2 人均地下水水资源量
		C_3 人均耕地面积
		C_4 人均绿地面积
	B_2 环境状况	C_5 空气质量优良天数达标率
		C_6 固体废弃物综合利用率
		C_7 工业废水排放达标率
		C_8 工业废气处理率
		C_9 区域环境噪声均值
	B_3 社会经济状况	C_{10} 人均 GDP
		C_{11} 万人拥有卫生技术人员数
		C_{12} 恩格尔系数

（2）判断矩阵的构造。

本书采用问卷调查法，确定打分情况，调查对象是河南财经政法大学学生，发放方式是随机发放，男女比例适中，共发放调查问卷 100 份，收回有效问卷 68 份，详细问卷内容见附录，收集完毕后，将数据输入 Excel 表格计算各个部分均值，具体计算过程如下。

准则层指标对目标层的判断矩阵，如表 10-14 所示。

表 10-14 准则层指标对目标层的判断矩阵

A	B_1	B_2	B_3	权重	一致性比例
B_1	1	3	3	0.5889	$C.R. = 0.0518 < 0.1$
B_2	1/3	1	2	0.2519	
B_3	1/3	1/2	1	0.1593	

因素层指标对准则层 B_1 的判断矩阵，如表 10-15 所示。

表 10-15 因素层指标对准则层 B_1 的判断矩阵

B_1	C_1	C_2	C_3	C_4	权重	一致性比例
C_1	1	3	3	2	0.4522	$C.R. = 0.0811 < 0.1$
C_2	1/3	1	1/2	2	0.1734	
C_3	1/3	2	1	2	0.2368	
C_4	1/2	1/2	1/2	1	0.1376	

因素层指标对准则层 B_2 的判断矩阵，如表 10-16 所示。

表 10-16 因素层指标对准则层 B_2 的判断矩阵

B_2	C_5	C_6	C_7	C_8	C_9	权重	一致性比例
C_5	1	3	3	2	3	0.5204	$C.R. = 0.0687 < 0.1$
C_6	1/3	1	1/2	3	2	0.1377	
C_7	1/3	2	1	2	1	0.1516	
C_8	1/2	1/3	1/2	1	3	0.1377	
C_9	1/3	1/2	1	1/3	1	0.0526	

因素层指标对准则层 B_3 的判断矩阵，如表 10-17 所示。

表 10-17 因素层指标对准则层 B_3 的判断矩阵

B_3	C_{10}	C_{11}	C_{12}	权重	一致性比例
C_{10}	1	3	4	0.6080	$C.R. = 0.0713 < 0.1$
C_{11}	1/3	1	3	0.2721	
C_{12}	1/4	1/3	1	0.1199	

（3）层次总排序和一致性检验，如表 10-18 所示。

表 10-18 层次总排序和一致性检验

	B_1（0.5889）	B_2（0.2519）	B_3（0.1593）	综合权重	一致性比例
C_1	0.4522	0	0	0.2663	$C.R.=0.0269<0.1$
C_2	0.1734	0	0	0.1021	
C_3	0.2368	0	0	0.1395	
C_4	0.1376	0	0	0.0810	
C_5	0	0.5204	0	0.1310	
C_6	0	0.1377	0	0.0347	
C_7	0	0.1516	0	0.0382	
C_8	0	0.1377	0	0.0347	
C_9	0	0.0526	0	0.0132	
C_{10}	0	0	0.6080	0.0969	
C_{11}	0	0	0.2721	0.0433	
C_{12}	0	0	0.1199	0.0191	

则各评价指标综合权重如表 10-19 所示。

表 10-19 各评价指标综合权重

评价指标	综合权重
绿化覆盖率	0.2663
人均地下水水资源量	0.1021
人均耕地面积	0.1395
人均绿地面积	0.0810
空气质量优良天数达标率	0.1310
固体废弃物综合利用率	0.0347
工业废水排放达标率	0.0382
工业废气处理率	0.0347

续表

评价指标	综合权重
区域环境噪声均值	0.0132
人均 GDP	0.0969
万人拥有卫生技术人员数	0.0433
恩格尔系数	0.0191

10.3.2 基于灰色关联分析法的郑州市生态安全的关联度

（1）确定参考数列和比较数列。

以郑州市生态安全最优标准的指标为参考数列 X_0，以历年实际指标为比较序列 $X_i(i=1, 2, \cdots, 12)$ 具体数据见表 10-20 和表 10-21。

表 10-20 郑州市生态安全指标及其最优标准

评价指标	最优标准
绿化覆盖率	50%
人均地下水水资源量	2500m^3
人均耕地面积	0.2hm^2
人均绿地面积	18m^2
空气质量优良天数达标率	95%
固体废弃物综合利用率	100%
工业废水排放达标率	100%
工业废气处理率	100%
区域环境噪声均值	50dB
人均 GDP	8
万人拥有卫生技术人员数	50
恩格尔系数	35

数据来源：国家卫生城市评价标准（2014 版）、《郑州市环境安全报告书》。

表 10-21　原始数据

年份	最优标准	2011	2012	2013	2014	2015
X_1	50	35. 1	36. 1	38	40. 2	40. 3
X_2	2500	87. 16	87. 19	85. 52	84. 04	82. 33
X_3	0. 2	0. 0575	0. 0402	0. 0395	0. 0380	0. 0363
X_4	18	10. 8	11. 3	12	12. 25	12. 3
X_5	95	87	86. 1	66. 4	43. 7	68
X_6	100	97. 78	97. 9	97. 86	97. 14	97. 3
X_7	100	94. 60	94. 77	95. 03	93. 05	54. 4
X_8	100	91. 56	92. 67	93. 05	95. 20	96. 6
X_9	50	54. 7	54. 6	54. 4	54	54. 8
X_{10}	8	5. 608	6. 204	6. 807	7. 305	7. 721
X_{11}	50	64. 2	71. 1	78. 1	87. 0	88. 8
X_{12}	35	35. 6	34. 7	32. 4	30. 0	29. 1

（2）初值化处理。

对原始数据作初值化处理使之无量纲化，如表 10-22 所示。

表 10-22　无量纲化

年份	最优标准	2011	2012	2013	2014	2015
X_1	1	0. 702	0. 722	0. 760	0. 804	0. 806
X_2	1	0. 034	0. 034	0. 034	0. 033	0. 033
X_3	1	0. 287	0. 201	0. 197	0. 190	0. 181
X_4	1	0. 600	0. 627	0. 666	0. 680	0. 683
X_5	1	0. 915	0. 906	0. 698	0. 460	0. 715
X_6	1	0. 977	0. 979	0. 978	0. 971	0. 973
X_7	1	0. 946	0. 947	0. 950	0. 965	0. 977
X_8	1	0. 915	0. 926	0. 930	0. 952	0. 966
X_9	1	1. 094	1. 092	1. 088	1. 080	1. 096
X_{10}	1	0. 701	0. 775	0. 850	0. 913	0. 965
X_{11}	1	1. 284	1. 422	1. 562	1. 740	1. 760
X_{12}	1	1. 107	0. 991	0. 925	0. 857	0. 831

（3）灰色点关联系数。

第一步，计算最优标准序列与历年比较数列在各时刻的绝对差值。

$$\Delta_i(k)(i=1,2,3,4,5;k=1,2,\cdots,12)$$

如表 10-23 所示。

表 10-23 最优标准序列与历年比较数列各时刻的绝对差值

	$\Delta_1(k)$	$\Delta_2(k)$	$\Delta_3(k)$	$\Delta_4(k)$	$\Delta_5(k)$
X_1	0.298	0.278	0.240	0.196	0.194
X_2	0.966	0.966	0.966	0.967	0.967
X_3	0.713	0.799	0.803	0.810	0.819
X_4	0.400	0.373	0.334	0.320	0.317
X_5	0.085	0.094	0.302	0.540	0.285
X_6	0.023	0.021	0.022	0.029	0.027
X_7	0.054	0.053	0.050	0.035	0.023
X_8	0.085	0.074	0.07	0.048	0.034
X_9	0.094	0.092	0.088	0.080	0.096
X_{10}	0.299	0.225	0.150	0.087	0.035
X_{11}	0.284	0.422	0.562	0.740	0.760
X_{12}	0.107	0.009	0.075	0.143	0.169

得到最小绝对值差 $\Delta_{min}=0.009$，最大绝对值差 $\Delta_{max}=0.967$。

第二步，计算历年比较数列与最优标准序列加权之后的关联系数，取分辨系数 $\rho=0.5$，如表 10-24 所示。

表 10-24 历年比较数列与最优标准序列加权之后的关联系数

	$\xi_1(k)$	$\xi_2(k)$	$\xi_3(k)$	$\xi_4(k)$	$\xi_5(k)$
X_1	0.1678	0.1722	0.1813	0.1930	0.1936
X_2	0.0347	0.0347	0.0347	0.0347	0.0347
X_3	0.0574	0.0536	0.0534	0.0531	0.0527
X_4	0.0452	0.0466	0.0488	0.0496	0.0498

续表

	$\xi_1(k)$	$\xi_2(k)$	$\xi_3(k)$	$\xi_4(k)$	$\xi_5(k)$
X_5	0. 1135	0. 1117	0. 0821	0. 0630	0. 0840
X_6	0. 0337	0. 0339	0. 0338	0. 0333	0. 0335
X_7	0. 0350	0. 0351	0. 0353	0. 0363	0. 0371
X_8	0. 0301	0. 0307	0. 0309	0. 0322	0. 0330
X_9	0. 0113	0. 0113	0. 0114	0. 0115	0. 0112
X_{10}	0. 0610	0. 0674	0. 0753	0. 0837	0. 0920
X_{11}	0. 0278	0. 0236	0. 0204	0. 0174	0. 0171
X_{12}	0. 0159	0. 0191	0. 0168	0. 0150	0. 0144

第三步，求关联度，如表 10-25 所示。

表 10-25 关联度

年份	2011	2012	2013	2014	2015
关联度	0. 6333	0. 6397	0. 6242	0. 6229	0. 6533

综上所述，我们根据层次分析法和灰色关联分析法，得出了郑州市 2011～2015 年历年所选评价指标与最优标准指标的关联度，2011～2015 年的灰色关联度变化趋势如图 10-13 所示。

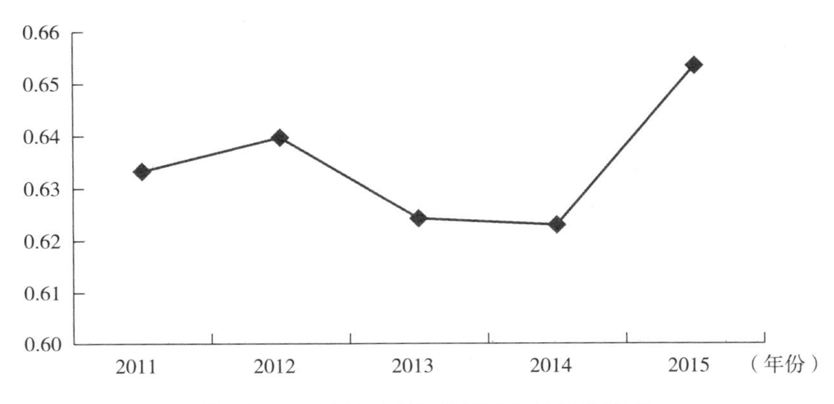

图 10-13 2011～2015 年的灰色关联度变化

由图 10-13 可知，2011~2015 年的生态安全评价指标与最优标准指标的关联度都处于［0.6，0.7），根据关联度及城市生态安全评价标准，标准如表 10-26 所示，郑州市的生态安全等级为差。

表 10-26　关联度及城市生态安全评价标准

安全等级	优	良好	中	差	极差
关联度	［0.9，1］	［0.8，0.9）	［0.7，0.8）	［0.6，0.7）	［0.5，0.6）

10.4　对策建议

由以上分析研究可以得出郑州市 2011~2015 年的生态安全等级为差，形成这种趋势的原因和国家政策以及国家经济发展是分不开的，近些年来城市化过程中人口的飞速增长，使人均占有资源量微乎其微，严重失衡的资源环境等诸多把经济发展放在第一位而忽略了生态环境的承载力，从而导致了 2012~2014 年的下降趋势，但在 2014~2015 年又有了一个明显的上升趋势，可见，由于社会发展、技术进步、人们对环境的重视及对环境改造投入的加强，环境整体质量并没有严重恶化。从系统发展趋势的评价可看出，郑州市的城市生态系统处于不安全但可以逐步改善的状态。

评价结果表示了郑州市的城市生态系统为不安全但是可以改善的状态，这客观地反映了郑州市的生态安全状况。对此，为避免由于生态系统的不及时防治而造成巨大损失，要抓住关键疏漏，对城市环境的治理、城市生态安全的建设高度重视。

一方面，在本书撰写的过程中，由于数据资料的限制，本书的指标体系不够完善。因此还需要对选取的指标进行完善。另一方面，本书仅对郑州市 2011~2015 年的生态安全状况进行分析，数据还需要进一步更新。

根据原始数据与理想数列对比，可以看出每一年关联度小的原因是人均地下水资源量的数据与理想数据相差较大，对此，提出以下建议：

（1）积极开源，减少地下淡水开采量。

海水淡化可以增加淡水总量，有利于沿海地区减少地下水的开采。此外，开展微咸水利用的研究与实践，可以减少地下淡水开采量。南水北调工程的实

施，将大大改善受水区水资源配置格局。依据地下水压采用方案进行科学调度和管理，可以在一定程度上缓解和修复因超采地下水引起的生态与环境问题。

（2）推进非常规水利用。

一方面加大利用非常规水，从而置换地下水量，可以从加快雨洪资源利用工程建设、鼓励再生水回用、提高矿坑水利用程度、推动海水利用等方面做好文章，推进非常规水资源的利用；另一方面可加大种植松散风化物，地表风化物厚度大，地形和缓，这样利于地表水的下渗且下渗的时间长，最终有利于地下水水量的补给。

（3）加大节水投入和中水工程建设力度。

搞好企业污水处理、中水利用等设施建设；加强农业节水工作，改革耕作方式，调整种植结构，推广喷灌和滴灌等先进的灌溉方式。这对于节水、净水，实现地下水资源的循环利用具有重要的影响作用，科学的污水处理工艺以有效的农田灌溉节水设备是实现这一目标的重要手段，并不断发挥其越来越重要的作用。

（4）加强宣传。

利用新闻媒体、展览、网络资源等多种形式，进行广泛宣传教育，提高各级政府、各行业部门和公众对地下水现状、问题的认识，唤起公众的水危机意识，进一步树立惜水、节水、爱水、护水的意识。

参考文献

[1] Appel B R, Tokiwa Y, Hsu J, et al. Visibility as related to atmospheric aerosol constituents [J]. Atmospheric Environment, 1967, 19 (9): 1525-1534.

[2] Benson P E. CALINE-4 A dispersion model for predicting air pollution concentrations near roadways [R]. CaliforniaDepartmentofTransportation, 2003.

[3] Berkelaar A, Kouwenberg R. From boom' til bust: How loss aversion affects asset prices [J]. Journal of Banking and Finance, 2009 (33): 1005-1013.

[4] Berkelaar A, Kouwenberg R, Post T. Optimal portfolio choice under loss aversion [J]. The Review of Economics and Statistics, 2004, 86 (4): 973-987.

[5] Cagman N, Enginoglu S. Soft set theory and uni-intdecision making [J]. European Journal of Operational Research, 2010, 207 (2): 848-855.

[6] Calvo A I, Alves C, Castro A, et al. Research on aerosol sources and chemical composition: Past, current and emerging issues [J]. Atmospheric Research, 2013, 120-121: 1-28.

[7] D Oettl, R AAlmbauer, P J Sturm, et al. Dispersion modeling of air pollution caused by road traffic using a Markov Chain-Monte Carlo model [J]. Stochastic Environmental Research and Risk Assessment, 2003 (17): 58-75.

[8] Faber J H, Van Wensem J. Elaborations on the use of the ecosystem services concept for application in ecological risk assessment for soils [J]. Science of the Total Environment, 2012, 42 (415): 3-8.

[9] Garland R M, Schmid O, Nowak A, et al. Aerosol optical properties observed during Campaign of Air Quality Research in Beijing 2006 (CAREBeijing-2006): Characteristic differences between the inflow and outflow of Beijing city air [J]. Journal of Geophysical Research, 2009 (114): D00G04.

[10] Giorgi E D, Hens T, Mayer J. Computational aspects of prospect theory with asset pricing applications [J]. Computational Economics, 2007 (29): 267-281.

[11] Gomes F J. Portfolio choice and trading volume with loss-averse investors [J]. Journal of Business, 2005, 78 (2): 675-706.

[12] G. Shafer. A mathematical theory of evidence [M]. New Jersey: Princeton University Press, 1976.

[13] Guiwu Wei. Grey relational analysis model for dynamic hybrid multiple attribute decision making [J]. Knowledge-Based Systems, 2011 (24): 240-243.

[14] Hodkinson J R. Calculation of colour and visibility in urban atmospheres polluted by gaseous NO_2 [J]. Air and water pollution, 1966, 10 (2): 137.

[15] Hu J H, Yang L. Dynamic stochastic multi - criteria decision making method based on umulative prospect theory andset pair analysis [J]. Systems Engineering Procedia, 2011 (1): 432-439.

[16] Jianjun Zhu, Keith W. Hipel. Multiple stages grey target decision making method with incomplete weight based on multi-granularity linguistic label [J]. Information Sciences, 2012 (212): 15-32.

[17] JinshanMa. Grey target decision method for a variable target centre based on the Decision Maker' s Preferences [J]. Journal of Applied Mathematics, 2014 (8): 1-6.

[18] Jin Y. Grey incidence analysis on sort standard of national standard [J]. Cancer Cell International, 2013, 13 (1): 77.

[19] Kahneman D, Tversky A. Prospect theory: An analysis of decision under risk [J]. Economica, 1979, 47 (2): 263-291.

[20] Kerminen V M, Petaja T, Manninen H E, et al. Atmospheric nucleation: Highlights of the EUCAARI project and future directions [J]. Atmospheric Chemistry and Physics, 2010, 10: 29-48.

[21] Kim Losev. Ecological problems of russia and border territories [M]. 2000.

[22] Kirpa Ram, M M Sarin, A K Sudheer, R. Rengarajan. Carbonaceous and Secondary Inorganic Aerosols during Wintertime Fog and Haze over Urban Sites in the Indo-Gangetic Plain [J]. Aerosol and Air Quality Research, 2012, 12 (3): 359-370.

[23] Krohling R A, de Souza T T M. Combining prospect theory and fuzzy numbers to multi-criteria decision making [J]. Expert Systems with Applications, 2012 (4): 1-7.

[24] Liu P D, Jin F, Zhang X, Su Y, Wang M H. Research on the multi-attribute decision-making under risk with interval probability based on prospect theory and the uncertain linguistic variables [J]. Knowledge-Based Systems, 2011 (24): 554-561.

[25] Liu S F, Cai H, Yang Y J, et al. Advance in grey incidence analysis modelling [J]. Systems Engineering-Theory & Practice, 2011, 33 (8): 1886-1890.

[26] Liu S F, Fang Z G, Lin Y. Study on a new definition of degree of grey incidence [J]. Journal of Grey System, 2006, 9 (2): 115-122.

[27] Masood Ebrahimi, Ali Keshavarz. Prime mover selection for a residential micro-CCHP by using two multi-criteria decision-making methods [J]. Energy and Buildings, 2012 (55) : 322-331.

[28] Molodtsov D. Soft set theory-First results [J]. Computers and Mathematics with Applications, 1999, 37 (4-5): 19-31.

[29] Norman Myers. Environment and security [J]. Foreign Policy, 1993 (74): 23-41.

[30] Roy A R, Maji P K. A fuzzy soft set theoretic approach to decision making problems [J]. Journal of Computational and Applied Mathematics, 2007, 203 (2): 412-418.

[31] Seung-Shik Park, Sun-A Jung, Bu-Joo Gong, Seog-Yeon Cho, Suk-Jo Lee. Characteristics of PM2.5 Haze Episodes Revealed by Highly Time-Resolved Measurements at an Air Pollution Monitoring Supersite in Korea [J]. Aerosol and Air Quality Research, 2013 (13): 957-976.

[32] Shiwei Chen, Zhuguo Li, Qisheng Xu. Grey target theory based equipment condition monitoringand wear mode recognition [J]. Wear, 2006 (260): 438-449.

[33] Shuen-Chin Chang, Tzu-Yi Pai, Hsin-Hsien Ho, et al. Evaluating Taiwan's air quality variation trends using grey system theory [J]. Journal of the Chinese Institute of Engineers, 2007, 30 (2): 361-367.

[34] Siru Gao, Qingbai Wu, Zhongqiong Zhang, etc. Impact of climatic factors on permafrost of the Qinghai-Xizang Plateau in the time-frequency domain [J]. Quaternary International, 2015 (374): 110-117.

[35] S Tripathy, D K Tripathy. Multi-attribute optimization of machining process parameters in powder mixed electro-discharge machining using TOPSIS and grey relational analysis [J]. Engineering Science and Technology, an International Journal, 2016 (19): 62-70.

[36] Tao, AX. Environment quality in China: influential factors analysis based on grey relation theory [J]. Journal of Cell Science, 2015, 128 (13): 2221-2230.

[37] Tversky A, Kahneman D. Advances in prospect theory: Cumulative representation of uncertainty [J]. Journal of Risk and Uncertainty, 1992, 5 (4) : 297-323.

[38] Tzu-Yi Pai, Keisuke Hanaki, Hsin-Hsien Ho, et al. Using grey system theory to evaluate transportation effects on air quality trends in Japan [J]. Transportation Research Part, 2007, 12 (3): 158-166.

[39] Wang J Q, Li K J, Zhang H Y. Interval-valued intuitionistic fuzzy multi-criteria decision-making approach based on prospect score function [J]. Knowledge-Based Systems, 2012 (27): 119-125.

[40] Wang J, Yan R, Hollister K, Zhu D. A historic review of management science research in China [J]. Omega, 2008 (36) : 919-932.

[41] Witiw M R, LaDochy Steve. Trends in fog frequencies in the Los Angeles Basin [J]. Atmospheric Research, 2009, 87: 293-300.

[42] Ye J. Fuzzy decision-making method based on the weighted correlation coefficient under intuitionistic fuzzy environment [J]. European Journal of Operational Research, 2010, 205 (1): 202-204.

[43] Yiran Wang, Yimin Gao, Liang Sun, etc. Effect of physical properties of Cu-Ni-graphite composites on tribological characteristics by grey correlation analysis [J]. Results in Physics, 2017 (7): 263-271.

[44] Yong-Huang Lin, Pin-Chan Lee, Hsin-I Ting. Dynamic multi-attribute decision making model with grey number evaluations [J]. Expert Systems with Applications, 2008 (35) : 1638-1644.

[45] Yongjie Xue, Shaopeng Wu, Min Zhou. Adsorption characterization of Cu (II) from aqueous solution onto basic oxygen furnace slag [J]. Chemical Engineering Journal, 2013 (231): 355-364.

[46] Zeshui Xu, Ronald R. Yager. Dynamic intuitionistic fuzzy multi-attribute decision making [J]. International Journal of Approximate Reasoning, 2008 (4): 246-262.

[47] Zhang K, Ye W, Zhao L. The absolute degree of grey incidence for grey sequence base on standard grey interval number operation [J]. Kybernetes, 2013, 41 (7/8): 934-944.

[48] ZHOU Changchun, HU Dongdong. Research on inducement to accident/incident of civil aviation in southwest of China based on grey incidence analysis [J]. Procedia Engineering, 2012 (45) : 942- 949.

[49] 毕文杰，陈晓红. 基于 Bayes 理论与 Monte Carlo 模拟的风险型多属性群决策方法 [J]. 系统工程与电子技术，2010，32 (5): 971-975.

[50] 陈勇明，谢海英. 邓氏灰靶变换的不相容问题的统计模拟检验 [J].

系统工程与电子技术. 2007, 29 (8): 1285-1287.

[51] 党耀国，刘思峰，刘斌等. 灰色斜率关联度的改进 [J]. 中国工程科学, 2004, 6 (3): 41-44.

[52] 党耀国，刘思峰，刘斌. 基于区间数的多指标灰靶决策模型的研究 [J]. 中国工程科学, 2005, 7 (8): 31-35.

[53] 邓聚龙. 灰色理论的关联空间 [J]. 模糊数学, 1985, 4 (2): 1-10.

[54] 刁鹏斐. 雾霾污染与产业结构的空间相关性研究 [D]. 山东财经大学硕士学位论文, 2016.

[55] 段利宝. 基于物元模型的乌鲁木齐市土地生态安全评价研究 [D]. 新疆农业大学硕士学位论文, 2015.

[56] 段新生. 证据决策 [M]. 北京: 经济科学出版社, 1996.

[57] 樊治平，刘洋，沈荣鉴. 基于前景理论的突发事件应急响应的风险决策方法 [J]. 系统工程理论与实践, 2012, 32 (5): 977-984.

[58] 樊治平，肖四汉. 有时序多指标决策的理想矩阵法 [J]. 系统工程, 1993, 11 (1): 61-65.

[59] 郭亚军，唐海勇，曲道钢. 基于最小方差的动态综合评价方法及应用 [J]. 系统工程与电子技术, 2010, 32 (6): 1225-1228.

[60] 郭亚军，姚远，易平涛. 一种动态综合评价方法及应用 [J]. 系统工程理论与实践, 2007 (10): 154-158.

[61] 韩敏，张瑞全，许美玲. 一种基于改进灰色关联分析的变量选择算法 [J]. 控制与决策, 2017, 32 (9): 1647-1652.

[62] 郝立兴，赵想飞，李雪梅. 基于前景理论的虚拟学习共同体中激励机制的设计研究 [J]. 现代教育技术, 2009, 19 (3): 19-21.

[63] 何枫，马栋栋. 雾霾与工业化发展的关联研究——中国 74 个城市的实证研究 [J]. 软科学, 2015, 29 (6): 110-114.

[64] 何孙鹏. 呼和浩特市区城市空间扩展的景观生态安全评价研究 [D]. 内蒙古师范大学硕士学位论文, 2016.

[65] 胡启洲，常玉林. 城市公交线网多目标优化的建模及其求解 [J]. 江苏大学学报 (自然科学版), 2003, 24 (6): 88-90.

[66] 胡启洲，张卫华，于莉. 三参数区间数研究及其在决策分析中的应用 [J]. 中国工程科学, 2007, 9 (3): 47-51.

[67] 黄玮强，姚爽，郭亚军. 不完全指标偏好信息下的动态综合评价模型与应用 [J]. 东北大学学报 (自然科学版), 2011, 32 (6): 891-894.

[68] 蒋诗泉，刘思峰，刘中侠等. 基于面积的灰色关联决策模型 [J]. 控

制与决策，2015，30（4）：685-690.

[69] 乐琦，樊治平. 基于累积前景理论的双边匹配决策方法 [J]. 系统工程学报，2013，28（1）：38-45.

[70] 李朝阳，魏毅. 基于 MATLAB 灰色 GM（1，1）模型的大气污染物浓度预测 [J]. 环境科学与管理，2012，37（1）：48-53.

[71] 李登峰. 模糊多目标多人决策与对策 [M]. 北京：国防工业出版社，2003.

[72] 李霁娆，李卫东. 基于交通运输的雾霾形成机理及对策研究——以北京为例 [J]. 经济研究导报，2016（4）：147-150.

[73] 李莉，孙永霞. 基于均值化主成分分析的雾霾环境分析与研究 [J]. 计算机应用研究，2015，32（5）：1373-1375.

[74] 李鹏，刘思峰. 基于灰色关联分析和 D-S 证据理论的区间直觉模糊决策方法 [J]. 自动化学报，2011，37（8）：993-998.

[75] 李鹏，刘思峰，朱建军. 基于前景理论的随机直觉模糊决策方法 [J]. 控制与决策，2012，27（11）：1601-1606.

[76] 李鹏，朱建军. 基于案例推理和灰色关联的直觉模糊决策分类模型 [J]. 系统工程理论与实践，2015，35（9）：2348-2353.

[77] 李卫东，黄霞. 北京市雾霾的社会经济影响因素实证研究 [J]. 首都经济贸易大学学报（双月刊），2018，20（4）：58-68.

[78] 李晓燕. 京津冀地区雾霾影响因素实证分析 [J]. 生态经济，2016，32（3）：144-150.

[79] 李雪梅，党耀国，王俊杰. 面板数据下的灰色指标关联聚类模型与应用 [J]. 控制与决策，2015，30（8）：1447-1452.

[80] 李莹. 城市生态安全评价研究——以宁波市为例 [D]. 浙江理工大学，2014.

[81] 梁燕华，郭鹏，朱煜明等. 基于区间数的多时点多属性灰靶决策模型 [J]. 控制与决策，2012，27（10）：1-5.

[82] 刘明远，庞家馨. 从雾霾现象分析我国大气污染现状及法律对策 [J]. 法制与社会，2016（1）：174-175.

[83] 刘培德，关忠良. 属性权重未知的连续风险型多属性决策研究 [J]. 系统工程与电子技术，2009，31（9）：2133-2136+2150.

[84] 刘爽. 郑州市 PM2. 5 污染现状及监管对策研究 [J]. 法制博览，2015（1）：308-309.

[85] 刘思峰，党耀国，方志耕等. 灰色系统理论及其应用 [M]. 第三版.

北京：科学出版社，2004.

[86] 刘思峰. 灰色系统理论的产生、发展及前沿动态 [J]. 中国管理科学，2003（11）：29-32.

[87] 刘思峰. 灰色系统理论的产生与发展 [J]. 南京航空航天大学学报，2004（36）2：267-272.

[88] 刘思峰，谢乃明，FORREST Jeffery. 基于相似性和接近性视角的新型灰色关联分析模型 [J]. 系统工程理论与实践，2010，30（5）：881-887.

[89] 刘思峰，袁文峰，盛克勤. 一种新型多目标智能加权灰靶决策模型 [J]. 控制与决策，2010（8）：1159-1163.

[90] 刘晓红，江可申. 我国城镇化、产业结构与雾霾动态关系研究——基于省际面板数据的实证检验 [J]. 生态经济，2016，32（6）：19-25.

[91] 刘勇，熊晓旋，全冰婷. 基于灰色关联分析的双边公平匹配决策模型及应用 [J]. 管理学报，2017，14（1）：86-92.

[92] 刘震，党耀国，周伟杰等. 新型灰色接近关联模型及其拓展 [J]. 控制与决策，2014，29（6）：1071-1075.

[93] 卢涛. 基于变权 TOPSIS-DPSIR 模型的土地生态安全评价——以合肥市为例 [D]. 中国地质大学，2016.

[94] 卢文刚，张雨荷. 中美雾霾应急治理比较研究——基于灾害系统结构体系理论的视角 [J]. 广州大学学报（社会科学版），2015，14（10）：18-28.

[95] 罗党. 基于正负靶心的多目标灰靶决策模型 [J]. 控制与决策，2013，28（12）：241-246.

[96] 罗党，刘思峰. 灰色多指标风险型决策方法研究 [J]. 系统工程与电子技术，2004，26（8）：1057-1509.

[97] 罗党，刘思峰. 一类灰色群决策问题的分析方法 [J]. 南京航空航天大学学报，2005，37（3）：379-400.

[98] 罗党. 三参数区间灰数信息下的决策方法 [J]. 系统工程理论与实践，2009，29（1）：124-130.

[99] 罗党，周玲，罗迪新. 灰色风险型多属性群决策方法 [J]. 系统工程与电子技术，2008，30（9）：1674-1678.

[100] 马健，孙秀霞，郭创. 基于风险-效益比和前景理论的风险性多属性决策方法 [J]. 系统工程与电子技术，2011，33（11）：2334-2439.

[101] 马丽梅，刘生龙，张晓. 能源结构、交通模式与雾霾污染——基于空间计量模型的研究 [J]. 财贸经济，2016，37（1）：147-160.

[102] 孟兆佳，岳晓宇，王东政. 基于多层回归分析城市雾霾成因模型

[J]. 沈阳大学学报（自然科学版），2015，27（2）：139-142.

[103] 穆泉，张世秋. 2013 年 1 月中国大面积雾霾事件直接社会经济损失评估 [J]. 中国环境科学，2013，33（11）：2087-2094.

[104] 裴欢，魏勇，王晓妍，覃志豪等. 耕地景观生态安全评价方法及其应用 [J]. 农业工程学报，2014（9）：212-219.

[105] 邱菀华. 管理决策熵学及其应用 [M]. 北京：中国电力出版社，2011.

[106] 施红星，刘思峰，方志耕等. 灰色振幅关联度模型 [J]. 系统工程理论与实践，2010，30（10）：1828-1833.

[107] 宋捷，党耀国，王正新等. 正负靶心灰靶决策模型 [J]. 系统工程理论与实践，2010，30（10）：1822-1826.

[108] 宋业新，陈永冰，张曙红. 时序模糊多指标决策的模糊关联分析法 [J]. 系统工程理论与实践，2003，23（1）：116-120+138.

[109] 苏志欣，王理，夏国平. 区间数动态多属性决策的 VIKOR 扩展方法 [J]. 控制与决策，2010，25（6）：836-840.

[110] 唐五湘. T 型关联度及其算法 [J]. 数理统计与管理，1995，14（1）：34-38.

[111] 陶品竹. 城市空气污染治理的美国立法经验：1943-2014 [J]. 城市发展研究，2015，22（4）：9-13.

[112] 田孟，王毅凌. 工业结构、能源消耗与雾霾主要成分的关联性 [J]. 经济问题，2018（3）：50-58.

[113] 汪盾. 基于"3S"及 SD 的攀枝花市生态安全评价研究 [D]. 成都理工大学硕士学位论文，2016.

[114] 汪新凡. 三参数区间数据信息集成算子及其在决策中的应用 [J]. 系统工程与电子技术，2008，30（8）：1468-1473.

[115] 王丛梅，杨永胜，李永占等. 2013 年 1 月河北省中南部严重污染的气象条件及成因分析 [J]. 环境科学研究，2013，26（7）：695-702.

[116] 王坚强，任世昶. 基于期望值的灰色随机多准则决策方法 [J]. 控制与决策，2009，24（1）：39-43.

[117] 王坚强，孙腾，陈晓红. 基于前景理论的信息不完全的模糊多准则决策方法 [J]. 控制与决策，2009，24（8）：1198-1202.

[118] 王坚强，周玲. 基于前景理论的灰色随机多准则决策方法 [J]. 系统工程理论与实践，2010，30（9）：1658-1664.

[119] 王静，施润和，李龙等. 上海市一次重雾霾过程的天气特征及成因分析 [J]. 环境科学学报，2015，35（5）：1537-1546.

[120] 王洛忠，丁颖. 京津冀雾霾合作治理困境及其解决途径 [J]. 中共中央党校学报，2016，20（3）：74-79.

[121] 王清印. 灰色 B 型关联分析 [J]. 华中理工大学学报，1989，17（6）：77-82.

[122] 王清印，赵秀恒. C 型关联分析 [J]. 华中理工大学学报，1999，27（3）：75-77.

[123] 王文华，周景坤. 雾霾防治的金融政策之演进及展望 [J]. 江西社会科学，2015（11）：40-44.

[124] 王先甲，张熠. 基于 AHP 和 DEA 的非均一化灰色关联方法 [J]. 系统工程理论与实践，2011，31（7）：1222-1229.

[125] 王正新，党耀国，裴玲玲等. 基于累积前景理论的多指标灰关联决策方法 [J]. 控制与决策，2010，25（2）：232-236.

[126] 魏巍贤，马喜立. 能源结构调整与雾霾治理的最优政策选择 [J]. 中国人口·资源与环境，2015，25（7）：6-14.

[127] 向钢华，王永县. 基于累积前景理论的有限理性威慑模型 [J]. 系统工程，2006，24（12）：107-110.

[128] 谢乃明，刘思峰. 考虑概率分布的灰数排序方法 [J]. 系统工程理论与实践，2009，29（4）：169-175.

[129] 徐伟宣，李建平. 我国管理科学与工程学科的新进展 [J]. 中国科学院院刊，2008，23（2）：162-167.

[130] 闫书丽，刘思峰，方志耕等. 区间灰数群决策中决策者和属性权重确定方法 [J]. 系统工程理论与实践，2014，34（9）：2372-2378.

[131] 闫书丽，刘思峰，方志耕. 基于累积前景理论的动态风险灰靶决策方法 [J]. 控制与决策，2013，28（11）：1655-1660+1666.

[132] 杨奔，黄洁. 经济学视域下京津冀地区雾霾成因及对策 [J]. 经济纵横，2016（4）：54-57.

[133] 杨超，刘文佳. 论我国雾霾治理的困境及对策 [J]. 环境与可持续发展，2016（2）：68-71.

[134] 杨欣，陈义珍，刘厚凤等. 北京 2013 年 1 月连续强霾过程的污染特征及成因分析 [J]. 中国环境科学 2014，34（2）：282-288.

[135] 姚升保. 基于随机优势与概率优势的风险型多属性决策方法 [J]. 预测，2007，26（3）：33-38.

[136] 姚升保. 连续风险型多属性决策问题的 TOPSIS 排序法 [J]. 统计与决策，2007（7）：10-11.

［137］姚升保，岳超源. 基于综合赋权的风险型多属性决策方法［J］. 系统工程与电子技术，2005，27（12）：2047-2050.

［138］于新锋，杜跃平. 时间权重为区间值的时序多指标决策 TOPSIS 法［J］. 数量经济技术经济研究，2004，27（3）：42-47.

［139］曾波，刘思峰，李川等. 基于蛛网面积的区间灰数灰靶决策模型［J］. 系统工程与电子技术，2013，35（11）：2329-2334.

［140］张波，隽志才，倪安宁. 前景理论在出行行为研究中的适用性［J］. 北京理工大学学报（社会科学），2013，15（1）：54-62.

［141］张洁，朱建军，刘思峰. 基于前景理论的随机概率信息群集结模型研究［J］. 中国管理科学，2011（19）：5-10.

［142］张可，刘思峰. 灰色关联聚类在面板数据中的应用及扩展［J］. 系统工程理论与实践，2010，30（7）：1253-1259.

［143］张蕾，戚秀云. 哈尔滨市雾霾天气成因及防控对策研究［J］. 环境科学与管理，2015，40（12）：93-95.

［144］张小芝，朱传喜，朱丽. 一种基于变权的动态多属性决策方法［J］. 控制与决策，2014，29（3）：494-498.

［145］张智光. 人类文明与生态安全：共生空间的演化理论［J］. 中国人口·资源与环境，2013（7）：1-8.

［146］赵宏，马立彦，贾青. 基于变异系数法的灰色关联分析模型及其应用［J］. 黑龙江水利科技，2007，35（2）：26-27.

［147］郑方丹，姜久春，孙丙香等. 基于筛选配组应用的动力电池综合性能评价方法研究［J］. 系统工程理论与实践，2015，35（2）：528-536.

［148］周荣喜，刘善存，邱菀华. 熵在决策分析中的应用综述［J］. 控制与决策，2008，23（3）：361-366.

［149］周维，王明哲. 基于前景理论的风险决策权重研究［J］. 系统工程理论与实践，2005（2）：74-78.

［150］朱建军，宋传平，刘思峰等. 一类三端点区间数判断矩阵的一致性及权重研究［J］. 系统工程学报 2008，23（1）：22-27.

［151］朱建军，张丽丽，梁燕华等. 基于冲突主体不确定证据融合的灰靶决策方法［J］. 控制与决策，2012（7）：1037-1046.

［152］祖伟，龙立荣，刘得明. 基于前景理论视角的薪酬管理五大误区分析［J］. 华东经济管理，2010，24（12）：106-108.